高职院校
实训空间设计研究

王琰

——

著

中国建筑工业出版社

图书在版编目（CIP）数据

高职院校实训空间设计研究/王琰著. —北京：中国
建筑工业出版社，2018.12
ISBN 978-7-112-22848-5

Ⅰ.①高… Ⅱ.①王… Ⅲ.①建筑空间－建筑设
计－高等职业教育－教学参考资料 Ⅳ.①TU972

中国版本图书馆CIP数据核字（2018）第243103号

本书结合高职教育特点，以专业分类指导为原则，对高职院校实训空间设计进行了专项细分研究。研究对象涉及高职院校常见专业的实训空间，包括机械制造类、汽车类、医护类、石油工程类、化工类、畜牧兽医类等。对各专业实训空间的总平布局、空间组成、空间模式、设备布置、面积大小、数量配置等方面进行了深入研究，为高职院校实训空间设计提供重要参考。

本书具有较强的实用性和设计指导性。适用于建筑师、规划师、建筑等相关专业师生以及高职院校基建部门管理者、教育管理部门人员阅读和参考。

本研究得到国家自然科学基金项目"集约发展下的西北高职院校建筑指标及空间适应性设计研究"（51408454）资助。

责任编辑：刘　静
责任校对：王　烨

高职院校实训空间设计研究
王琰　著
*
中国建筑工业出版社出版、发行（北京海淀三里河路9号）
各地新华书店、建筑书店经销
北京锋尚制版有限公司制版
北京京华铭诚工贸有限公司印刷
*
开本：787×1092毫米　1/16　印张：14½　字数：358千字
2019年1月第一版　2019年1月第一次印刷
定价：62.00元
ISBN 978-7-112-22848-5
（32975）

序

职业教育是我国目前大力推行的教育方式之一，是我国经济产业结构升级、从制造大国转向制造强国的战略支撑点。2017年，习近平总书记在党的十九大工作报告中明确指出："完善职业教育和培训体系，深化产教融合、校企合作。"2016年，李克强总理在《政府工作报告》中首次提出，要"大力弘扬工匠精神"。我国是技能人才大国，也是制造业大国，高职院校作为培育"大国工匠"后备军的重要阵地，其健康发展对社会经济发展具有重要意义。

高职教育属于高等教育教学层次，其招生规模已占高等教育的半壁江山，但其培养目标、教学方式、教学空间等都与普通高校有着显著的差别。长期以来，我国教育建筑研究领域针对高职院校的研究相对较少，针对专业特征进行的实训用房设计研究更是凤毛麟角。由于缺少对职业技术院校的专项研究，设计师多将高职院校借鉴高等院校进行设计，往往不能充分体现高职院校职业性和实践性的特点，制约了其更好的发展。

《高职院校实训空间设计研究》有三个特点：其一，将高职院校从高校中剥离出来单独研究，是研究领域的拓展；其二，基于专业分类，分门别类地对实训空间进行专项研究，是研究对象的细分；其三，对不同专业实训空间的设计指标进行量化研究，是研究成果的量化与科学化。

最能体现高职院校教学特点的空间就是实训空间。本书以实训空间作为研究对象，突出体现其在高职院校设计中的重要性。由于高职院校专业划分众多，不同专业间的实训空间要求千差万别，无法统一形成固定的设计模式。该书基于专业分类这一独特视角，进行具有专业针对性的实训空间设计研究，以满足不同专业的教学需求，提高教学质量和办学效益，更好地为社会经济服务。

1992 年颁布的《普通高等学校建筑规划面积指标》中的"高等职业技术院校设置标准",已不符合职校发展规律并与现实脱节,设计指导意义减弱。教育部 2012 年编制《高等职业学校建设标准》,在"92 指标"的基础上对建设规模与项目构成、学校布局与选址、校园规划、校舍建筑面积指标、校舍主要建筑标准进行了完善与修订。但两者均着眼于学校用地与规模的宏观控制,而面对建筑设计中不同专业各类用房遇到的诸多问题时却无法回答,其设计指导性有一定的局限性。本书采用科学量化的建筑计划学研究方法,以调研数据为依据,参考国家相关规定及指标,建立指标计算公式,根据不同专业、教学模式、设备、工艺等的不同要求,形成具有专业适应性的量化参考指标,以提高建筑设计质量。

1999 年,本书作者王琰作为我的硕士研究生,开始步入"教育建筑"研究领域,2002 年完成硕士论文《大学整体化教学楼群设计研究》。之后的十年期间,她一直专注于大学校园规划与整体化教学楼建筑设计的研究。2010 年,王琰又作为我的博士生,完成了博士学位论文,并于 2012 年在博士论文的基础上,出版著作《普通高校整体化教学楼群优化设计策略研究》。

从 2012 年起,随着我国职业教育的快速发展,王琰敏锐地捕捉到高职院校快速崛起的发展趋势与该领域的研究盲点,开始对高职院校的实训空间进行具有专业针对性的分类专项研究。2014 年至 2017 年,王琰作为项目负责人,完成国家自然科学基金项目"集约发展下的西北高职院校建筑指标及空间适应性设计研究",本书亦是该研究的成果之一。2012 年起,王琰开始担任硕士研究生导师。至今,她已指导多位研究生完成了针对高职院校不同专业的实训空间研究的硕士学位论文,主要包括机械制造类、汽车类、医护类、石油工程类、化工类、畜牧兽医类等专业的实训空间。

相信本书的出版将有助于我国高职院校建设走向内涵型的发展道路,对提高高职院校建筑设计质量不无裨益。谨以此文祝贺本书的出版,是为序。

李志民
2018 年 6 月 25 日于西安

目录

1 高职院校实训空间发展概述

1.1 我国高职院校的发展概况及现状问题

1.1.1 我国高职教育的发展历程

我国最早的高职院校可以追溯到 19 世纪后期，洋务运动标志着我国职业教育的开始，效仿西方国家发展制造业与手工业，为此在沿海城市开放技师学堂。20 世纪初清末制定了"高等实业学堂"和"高等师范学堂"。中华民国时期，创办"壬戌学制"，是高职院校的进一步发展，到今天我国台湾地区依然延续这种教学制度。

1949 年后，由于大规模经济建设的开展，国家经济各方面迫切需要技术人才，尤其是在新中国成立初期，职业教育得到迅速发展，建设了上千所中等专业学校和技工学校。但后来由于"文革"，职业教育受到很大影响。改革开放后，职业教育又重新焕发了活力。我国高等职业技术院校在改革开放后的发展分为三个阶段：

第一个阶段是高等职业技术院校创立阶段，1978～1988 年。改革开放政策使国家把工作重点转移到经济领域，国家建设需要大量技能型人才。高等职业教育萌芽于这一时期，首批职业大学开始建立。

第二个阶段是职业教育发展回落阶段，1995～2002 年。这一时期职业教育发展下滑。其主要原因有两点。第一，传统文化的影响。学生及家长对高学历的追求推动了普通高中、大学的升温。第二，科学研究的滞后。职业教育的研究，不仅滞后于整个教育科学理论的发展，而且滞后于职业教育实践的发展。

第三个阶段是职业教育发展机遇阶段，2003～2010 年。在这一时期，特别是在国家"十一五"规划实施后，中国的现代化建设进入了一个新的发展期，与经济发展直接相关的职业教育得到国家高度重视。

高校扩招促进了高等职业教育的发展，实现了职业教育层次的重点由中等向高等转变，尤其是在进入 21 世纪后。截至 2017 年 5 月 31 日，全国高等学校共计 2914 所，其中高职高专院校共计 1388 所。

表 1.1 是我国在教育改革发展历程中颁布的重要文件及法律，从调整中等教育结构到明确职业教育性质，再到确定职业教育的法律地位，高职院校的发展进入了新的历史阶段。

时间	颁布的文件及法律	重点内容
1985 年	《中共中央关于教育体制改革的决定》	"调整中等教育结构,大力发展职业技术教育",肯定社会力量办学,为职业教育办学提供政策基础
1991 年	《国务院关于大力发展职业技术教育的决定》	明确规定职业技术教育的性质、地位、作用、方向、任务和措施,提出职业教育要继续扩大招生规模
1992 年	《普通高等学校建筑规划面积指标》	对大学、专门学院的校舍和教室、实验室、图书馆等用房做出相关生均指标规定
1993 年	《中国教育改革和发展纲要》	首次提出职业学校要走依靠行业、企业、事业单位办学和社会方面联合办学、产教结合的路子
1996 年	《中华人民共和国职业教育法》	确定职业教育的法律地位,规定了政府、社会、企业、学校以及个人在职业教育中的义务和权利
1999 年	《中共中央国务院关于深化教育改革全面推进素质教育的决定》	构建与社会主义市场经济体制和教育内在规律相适应,不同类型教育相互沟通、相互衔接的教育体制
2006 年	《教育部关于全面提高高等职业教育教学质量的若干意见》	明确指出高等职业教育作为高等教育发展中的一个类型,肩负着培养面向生产、建设服务和管理第一线需要的高技能人才的使命
2008 年	《普通高等学校建筑面积指标》	在"92指标"的基础上进行修订,增加了高等职业技术学院及高等专科学校校舍建筑面积指标的章节
2010 年	《国家中长期教育改革和发展规划纲要(2010—2020 年)》	到2020年,形成适应经济发展方式转变和产业结构调整要求、体现终身教育理念、中等和高等职业教育协调发展的现代职业教育体系
2012 年	《高等职业学校建设标准》	针对全国高等职业学校所编制的建设标准
2014 年	《关于加快发展现代职业教育的决定》	全面部署加快发展现代职业教育

1.1.2 我国高职院校实训空间面临的现状问题

1. 实训空间

"实训"是职业技能实际训练的简称,是指学生在完成专业理论课程学习后,按照人才培养规律与目标,在具有职业仿真性的实训场所中,对学生进行职业技术应用能力训练的教学过程。

教育部在《关于全面提高高等职业教育教学质量的若干意见》中强调:"加强实训、实习基地建设是高等职业院校改善办学条件、彰显办学特色、提高教学质量的重点。要积极探索校内生产性实训基地建设的校企组合新模式,由学校提供场地和管理,企业提供设备、技术和师资支持,以企业为主组织实训;加强和推进校外顶岗实习力度,使校内生产性实训、校外顶岗实习比例逐步加大,提高学生的实际动手能力。要充分利用现代信息技术,开发虚拟工厂、虚拟车间、虚拟工艺、虚拟实验。"在实训基地模拟真实岗位的实践操作,是学生将课堂理论知识转化为实际动手能力的重要场所,是学生获得更专业的技能与心态转变的重要途径。传统课堂教学往往以教师为中心,重视理论教学。而高职院校学生与企业关系密切,需要扎实的实践能力,所以实训课程对于这类学生来说尤为重要。

实训空间是各类实训用房及其空间环境的总称。实训空间为专业人才提供实践操作基地，使得在校生能体验生产制作的全过程，将理论知识化为实际操作，使他们不仅掌握应有的理论知识，还培养和锻炼了其从事相关职业的自信心与自豪感，提早发现实践中遇到的问题并加以解决，在以后的从业中会更加得心应手。

2. 现状问题

社会经济发展促使企业不断转变人才要求，作为技术人才摇篮的职业教育也随之改革。《教育部关于深化职业教育教学改革全面提高人才培养质量的若干意见》提出："公共基础课和专业课都要加强实践教学，实践性教学课时原则上要占总课时数一半以上，要积极推行认识实习。"对于高职教育而言，培养具有扎实理论基础与较强实践操作能力的技术型人才是其最终目标，而培养具有实践能力的技术人才离不开高职院校实训基地的建设。

"高等职业教育的特点是突出'职业性'，最大限度地实现与企业的'零距离'对接。"但从现状来看，高等职业教育模式的创新改革与国家关于高职院校招生的政策实施使得高职教育建设不断完善，同时，高等职业教育在其发展过程中也凸显了一些问题，如教师队伍建设与教学设备数量不足、教学内容与企业需求不对应、职业技能的认定还有待进一步完善等。高职院校建设发展到现在，实训基地在建设中还有许多问题需要解决。

1）教育方面

（1）高职院校缺乏对教育管理的重视力度

高职院校对于人才培养的方向逐渐偏离了其办学宗旨与理念。高职院校相对于普通高中而言更加依赖于经费来源，以用于增加师资力量、吸引社会学生，因此造成了当代国内高职院校在专业设置、课程开设、教师聘任等诸多方面存在着形式主义的现状，其根本目的是为了不断增加高职院校自身资源的扩大。尽管对整个学校的发展而言，这一理念并未存在较大的偏差，但是对于教育机构而言，其应当时刻以提升学生教学质量、培养现代化人才为宗旨，并在此过程中重视对学生差异化教学，积极坚持高职院校应用的专业化、应用型人才的培养方向。

（2）高职院校教育管理现代化水平较低

高职院校由于整体资源及教学侧重点存在不足，因此应让其走一条更加契合实际的发展道路，例如给予学生实习机会、与社会企业之间相互合作等。这种创新谋求高校与社会人才供需市场结合的方法并未出现根本性问题，然而由于过于强调社会化和市场化，造成了高职院校在教育管理本身上出现了较多漏洞。而这些漏洞并未引起高校的重视，从而造成了高职院校教育管理现代化水平与社会不同步的问题，严重制约了高职院校专业化、应用型人才培养的战略规划的发展，并极大降低了高职院校教育实践环节的功能性作用。

（3）高职院校教育管理人才较为匮乏

高职院校更加侧重于实践性的教学方向，以及应试教育模式的教学活动开展等，均表明当前高职院校缺乏现代教育管理型人才，无法根据时代与社会对高职院校教育教学方向开展契合时代发展背景、适应社会人才需求的现代教育管理。教师团队也出现了注重自身课题研究和实践研究等现状，造成了对教育管理本身的关注程度不足，让高职院校教育管理过多局限于理论与政策。

2）空间方面

（1）建筑设计方面，从规范指标来看，目前部分专业缺少相关的实训基地建设规范。设计者在项目初期参考普通高等院校或者高中学校的设计标准，不完全符合职业教育的建设要求，或者由已建成的其他建筑空间改造而成，造成不必要的资源浪费。

（2）从教学设备储备来看，高职院校各个专业具有专业特殊性，实训设备对高职教育来说不可或缺，而实训设备需要投入大量资金，因此，目前高职院校普遍存在设备不足现象。

（3）实训室不能满足需求，实训空间在使用面积配置、功能布局上存在不足。现有实训面积不足与招生规模扩大产生矛盾。在规划设计、功能设置、空间特性和各实训用房的配比方面有待改善提高，其制约了实训课程的顺利进行。

（4）从安全防范角度来看，部分专业技能培训涉及大型危险仪器的使用、特殊药剂的存放，目前高职院校普遍没有对危险仪器与特殊药剂存放采取专门的防范措施。

实训基地是高职院校技术学生提高实践能力的训练场地，为各专业学生配套合理的实训基地资源，提供空间模式完善、使用方便的实训用房是建筑设计人员必须解决的问题。虽然我国为实现现代化在大踏步发展，但基础教学实训配置并不能满足学生实践要求，实训基地的建设直接关系学生的实践水平，是他们顺利走上就业岗位的必要条件。我国高职院校实训空间的优化建设，对于工业强国具有重要作用。因此，对高职院校实训空间的研究对整个高职教育来说是有必要的，研究成果对于高职院校实训空间的建设具有现实意义。

1.2　国外高等职业教育的发展概况

1.2.1　国外高职教育的发展

职业技能教育开始于18世纪后期，这时候欧洲工业生产的发展开始需要工业化人才，随之而来的是对工业人才的培养，随着工业革命的扩展，这种对工业人才的培养发展到其他国家与地区，逐渐成为各国效仿的教育思潮。美国、德国、加拿大、英国等国家的高职教育，经过卓越的发展，取得了世界公认的办学质量和水平，享有较高的社会声誉。其共同特征是注重技术应用与开发能力的培养。发达国家的职业教育和培训机构主动适应市场对从业人员的要求，跟踪技术变化，学校根据当地经济和科技的发展状况来决定职业教育的课程设置及课程内容。这些教学模式中强调的是学校教育与政府、企业和社会的相互协作。由于历史背景和国情的差异，这几个国家的高职教育走向卓越的过程各不相同，因此形成了各自的特色。国外的高职教育注重实践，实训教学方式和空间建设已经处于成熟阶段，成为我国研究学习的对象。基于我国国情研究适合职业教育发展的模式，对我国高职教育的进一步发展有重要意义。

1.2.2　国外高职教育的特点

1. 德国

德国高等专科学院（FH），为企业主导、"注重实践过程管理型"实践教学模式。所谓企业主导是指企业在高职实践教学过程中占据着主导作用和地位，表现为：

（1）教学经费的主要来源是企业 FH 实践。也可以说 FH 的教育就是一种企业定向培养。学生在企业接受实训的教学、科研经费全部由企业承担。

（2）企业主导着 FH 的整个实践教学过程。FH 的入学新生首先要经历企业内预实习，为理论学习打好基础；学生进入主要学习阶段后，在 FH 学校内学习的内容同企业相关工作的程序、方法、实验、设计、实践操作密切相关；在 FH 的主要学习阶段中还有一个学期是专门安排学生在与今后职业相联系的企业或管理部门实习；学生的毕业论文是需要在企业里完成的。

（3）企业视接受和指导 FH 的学生实习培训为己任，并把这种校企合作看作是企业自身发展前途中人力资源开发的重要途径。

（4）企业是评价考核实践教学成果的主体。企业不仅要为学生出具实习工作鉴定，而且学生毕业论文的第一指导教师由企业教师担任。

（5）FH 实践教学中科研选题全部是源自企业需求和为企业服务。

所谓注重实践过程管理是指：首先，在实验、实训课堂为学生创造一个良好的工作环境，培养学生的实际操作能力和独立解决实际问题的能力。良好的工作环境氛围有利于发挥学生内隐学习的能量，使学生能在无意识的状态下发现任务的隐含规则和潜在结构，并做出恰当而迅速的反应。其次，十分注重培养学生严格的质量意识和实践过程管理意识。德国人注重过程甚于结果。他们认为，一次不用心的过程可能也会产生好的结果，但唯有次次精心的过程才能保证次次都有好的结果。最后，精心设计实验（实训）室和实训项目，培养学生的职业能力和技术应用与开发能力。

2. 加拿大

加拿大为"能力基础型"实践教学模式。

在加拿大的高职教育中，一个重要的实践教学理念是"以能力为基础的教育"。按照这种理念，加拿大高职教育的实践教学模式表现出以下几个特点：

（1）以综合职业能力为实践教学的培养目标和评价标准，突出能力，而不是突出学历或学术知识体系，强调对学生自我实践学习和自我评价能力的培养。

（2）以 DACUM 分析课程开发为途径设计实践教学计划。DACUM 即"Developing a Curriculum"（教学计划开发）的缩写，其具体做法是，由一个专门委员会对某一个职业目标进行工作职责和工作任务两个层次的分析，分别得出若干综合能力和专项能力。实践教学则把这些综合能力和专项能力作为确定教学模块或单元的依据。其主要特点是，重点培养技术能力，力争一定操作能力，适当兼顾次要能力，课程设置适当综合化。

3. 美国

美国社区学院为"多元开放型"实践教学模式。

美国社区学院是美国高等教育中的一大亮点，采取一至二年短学制、为社区经济和发展服务的办学原则，在很大程度上，它是美国的高职教育机构。美国现有社区学院 1200 所，每年有 1000 多万学生就读，占美国大学生总数的 44%。美国社区学院的职能具有多元性和广泛的开放性，在加强实践性教学环节、培养学生应用能力方面优于美国普通大学，其教学计划中实验、实习、设计、制图等项目的学时数占总学时数的 42%～46%。讲课与实践之比接近 1∶1。其"多元开放"的特点主要表现为实践教学对象的开放性、实践教学管理的开放性、实践教学目标的开放性、实践教学形式的开放性。

4. 英国

英国为"资格推动型"实践教学模式。

英国高职实践教学是以"国家职业资格"（NVQ）来推动的，形成了以职业资格推动培训为特色的"资格推动型"模式。该模式的主要环节是：

（1）注重以能力为基础。"国家职业资格"是以能力为基础的资格认定，高职实践教学也就必然以能力基础为目标。每一张"国家职业资格"证书皆是一项"能力说明"，包括主要职能、能力单元、能力要素以及操作上的具体要求和范围等。

（2）强调在"干"中学。学生要学习某种职业知识和技能，可以根据自身现有工作情况，设计若干改善实际工作的项目，并在考评员的指导下，按照职业的国家资格标准来实施这些项目，在"干"中掌握相应的知识和技能。

（3）以实际工作效果作为评定学生学习成绩的依据，这是"国家职业资格"证书与传统证书的本质区别。

综上可以看出，德国、加拿大、美国和英国高职实践教学模式的共同点在于都十分重视"能力基础""能力中心"。这是由高职教育面向经济发展、为经济发展提供人力资源的办学目标决定的。无论各国的国情有多大差别，高职教育培养经济第一线所需要的实践能力强的高级人才的这一培养方向都是必须坚持的。前述四国的高职实践教学模式的差异在于为实现"能力基础""能力中心"所采取的手段和强调的重点有所不同。

1.3 国内外研究现状

1.3.1 国内研究现状

1. 建筑规划方面

目前在国内，对高等职业技术学院的规划设计研究较为丰富，尤其是近几年，国家对高职院校更加重视。王琰在《关于西北地区职业技术院校校园规划与设计的研究思考》中提出，应进行具有地域针对性的教育资源整合模式研究，构建适宜西北地区职业院校的校园规划模式，建构适宜的校园规划模式，最后进行建筑空间计划研究。张成在《中国高等职业教育教学—实训空间模式的探讨》中从高等职业教育教学—实训空间模式研究，专业学科、企业、高等教育与高等职业教育教学—实训空间模式的模块建构，建筑设计中教学、实训空间模式的合理化应用三方面研究实训空间模式。清华大学汪淙硕士论文《高等职业技术学院校园规划设计》对高职学院校园规划进行分析研究，并以昭通市职业教育中心的规划设计为例进行详细介绍和分析。张忻在《高等职业教育教学—实训空间模式的分析研究》中通过高等职业教育教学—实训空间模式的研究，对合肥两校规划建筑设计进行了分析，探讨其合理化模式的应用，以期能够对今后高等职业教育建筑设计提供有价值的参考。硕士论文《高等职业院校规划与建设研究》以国内的高职院校为调研对象，深入调查分析校园规划和建设面临的问题，总结经验，寻求校园建设的策略，从适应和满足高职教育的需求出发，对校园的建设与规划进行具体的分析和研究。

许能生在《高职院校新校区规划设计研究》中依据国家建设法规和新校区建设基本情况，以及运用生态校园规划的理念，重点研究了新校区规划设计的依据、原则、概念、构思与手法。李远在《高等职业技术学院校内实训建筑设计研究》中结合各专业所在的相关产业特点和实训要求对现有实训建筑的实训空间进行分类；综合实训教学空间模式和实训空间分类结果，对现有实训建筑进行建筑分类；从规划的角度分析了高职校内实训建筑在规划布局方面应注意的因素。曲文晶在《工科类高等职业技术学校实训空间研究》中提出工科类高等职业技术学校实训空间的规划布局原则及建筑空间组合方式，将实训空间分为大型实训空间和标准实训空间两个基本类型，探讨"理实一体化"的新型教学模式下对实训空间设计提出的新需求。刘淦在《高职教育背景下技术类实训建筑的设计研究》中总结了实训建筑的设计目的及基本构成，在空间类型上将实训建筑划分为生产空间、教学空间和服务空间，并以此为基础进行进一步研究，分析实训建筑的总体目标与设计原则，进而对实训建筑的整体设计进行研究，研究重点包括整体要求、选址方式、设计规模、空间组织、结构造型等。王彦芳在《高等职业技术院校制造专业实训空间设计研究》中从制造专业实训空间的布局、面积、层高、空间组织等方面入手，讨论制造专业实训空间的空间类型、空间构成及合理面积配比，针对制造专业基础性实训项目的实训空间合适的数量进行研究，提出满足不同影响因素下的高等职业技术院校制造专业实训空间相关适应性生均指标。郭彪在《陕西省市辖高等职业技术院校实训空间建筑计划研究》中总结出高等职业技术院校实训空间规划布局计划、规模计划以及建筑空间组合计划等在未来建筑设计中可遵循的原则。除此之外，针对高职院校不同专业的性质，也有少量的研究成果，这些研究对今后的研究具有指导意义。

2. 教育学方面

我国职业教育方面的相关论文也有不少，有些是针对高职院校教学模式的探讨，有些是针对高职院校专业设置以及培养人才的方式等进行研究。何良胜在《高职院校工学结合人才培养模式下的教学管理研究》一文中以建构主义为理论依据，阐述了工学结合模式下高职院校的教学管理应遵循的原则、内涵与特点。李鲲等在《高职院校"教学做一体化"教学模式的探索与思考》中通过对高职院校"教学做一体化"教学模式进行探讨，指明了"教学做一体化"教学模式是培养高端技能型人才的有效手段。李欣在《我国高等职业教育人才培养模式的探索与发展研究》中结合我国高等职业教育人才培养模式的发展趋势，借鉴国外高等职业教育人才培养的宝贵经验，提出在以人为本的教育思想的指导下，以培养适应未来社会的高技能人才为目标，以市场为导向设置专业，课程体系向综合化、模块化发展，教学内容和教学方法更加注重对实践能力的培养，加快"双师型"师资队伍的建设，进行校企合作，走"产学研结合"的道路。除此之外，也有一些关于石油类高职院校的教育教学模式和人才培养方面的研究，这些文章从专业的角度分析和研究石油工程类专业的教育理念。李书森等在《试析石油职业院校的发展定位》中对石油职业院校的发展定位问题进行研究，提出石油职业院校的发展定位应该是：服务石油企业，履行社会职能。樊宏伟在《提高高职石油工程类专业人才培养质量的对策分析》中指出，转变教育观念，树立为学生成长成才服务的意识；围绕石油工程类专业岗位需求，优化课程体系；加强职业前瞻教育，提高学生对未来职业的认知；重视学生职业素养和技能培养，增强学生可持续发展能力。这些教育学方面的文献，从教学实践和培养人才方面提出很多实用性方法，也为我国的教育改革和高职教育的发展提供了更多的建议。

职业教育的研究和高职院校的校园建设不同，前者侧重于高职院校的教育体系和培养模式的研究，后者侧重于从规划与建筑的角度对高职院校的建设进行研究。目前我国普通高等院校的校园建设研究颇多，但针对高职院校建设的研究相对较少，现有的研究主要集中在总体院校规划或者个别类型的研究，但对具体专业所对应的教学建筑缺少研究。

1.3.2　国外研究现状

国外的职业院校在 20 世纪 60 年代发展较快，也有一些国家进行了探索性的尝试，如包豪斯的成立，从校园设计到职业培训，都满足了职业技术培训和教学的要求，同时从技术与艺术两方面着手，进行职业教育的创新。在教育理念方面，澳大利亚的 TAFE（Technical And Further Education，职业技术教育学院），注重职业技能的培训，以新型的现代教育体制培养职业技术人才；加拿大的 CBE（Competency Based Education，能力本位教育）制也是从能力培养出发，以胜任工作岗位为目标培养人才；德国的"双元制"在工作过程中培养技能，注重人才的技术应用能力，以能力为本；在日本，也有很多专业性的职业技术学院，比较有名的是家政方面的技术培训，以"国际化、多元化"为教学目标，为社会培养所需人才。国外一般对学生的技能培养比较重视，通过实践教学和企业培训等提高学生的实践水平，这对我国的高职教育教学体系有很大的参考意义。

2 高职院校实训空间设计研究综述

2.1 实训空间布局研究

2.1.1 影响实训空间布局的因素

随着高职教育的快速发展，兴起了高职院校的建设热潮。然而很多院校在建设中参考普通高校进行规划设计，忽视了职校教育的特殊性。普通高校以理论教学为主，其校园规划以教学中心区为重点，而高职院校以实践操作技能的培养为主，实训区是校园中最重要的区域。

影响实训区在高职校园规划布局的因素有以下几点。

1. 专业设置

高职院校的专业设置根据社会职业人才需求结构决定，其分类有工科类、综合类、医药类、公安类、师范类，等等。不同的专业其课程设置、培养目标、培养方式等各不相同，实训空间布局也会有所差异。有些专业对实训空间会有特殊的布局要求，在校园规划时应需特别考虑。

2. 教学模式

高职院校的教学模式主要有"理实一体化""校企合作""工学结合"等模式。不同的教学理念、教学模式会影响实训空间在校园中的布局。例如"校企合作"的实训空间布局往往相对独立，方便与社会外界的交流而不干扰理论教学的正常进行。"理实一体化"的实训空间布局往往与教学区紧密结合。

3. 管理模式

实训楼的管理模式分为封闭式和开放式，会间接影响实训空间的布局。封闭式的管理制约了实训教学的发展。随着高职院校对实训教学认识的不断更新，实训教学力度的提升，实训空间的管理模式应改为开放式管理，方便学生课后练习，提高实践水平。在设计规划初期，应当考虑未来发展的需要，预先将实训楼设计在靠近出入口的位置并尽可能开设单独的出入口，便于独立管理。

2.1.2 实训空间布局模式

在综合高职院校的校园规划布局中，实训空间在校园规划中的布局主要为三种模式（表2.1）。

1. 独立式

实训区独自成区，与教学区距离较远，适用于有一定污染或对其他用房产生一定干扰的实训工厂及实训中心。如某些专业的实训厂房在使用中会产生较大噪声和污染，将其独立规划于校园的一端，不影响正常的教学和生活。

2. 主导式

实训楼位于整个校园的中心区域，在校园规划中处于主导地位，适于布置无污染、不会对其他教学用房产生干扰的实训用房。主导式布局有利于凸显实践教学的重要性，凸显高职院校特色。

3. 融合式

实训区和理论区有机的融合布局，便于理实一体化的教学模式顺利开展，二者联系紧密。在未来的发展趋势中，实训教学和理论教学在高职教育中占有相同的课时比例。这种布局方式可缩短教学步行距离，加强师生之间的交流和不同专业之间的渗透，提高了实训楼的利用率，避免了重复建设的资源浪费。

规划建设初期应当明确办学目标，结合现实的条件和专业的特殊需求，选择合理的布局方式处理实训区和教学区的功能关系，为后期使用提供便捷和舒适的校园空间，方便建成后各个专业的教学使用，同时避免不必要的资源浪费。

实训空间在高职校园规划中的布局方式   表2.1

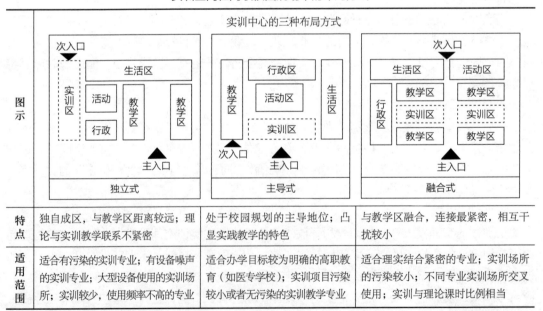

	实训中心的三种布局方式		
图示	独立式	主导式	融合式
特点	独自成区，与教学区距离较远；理论与实训教学联系不紧密	处于校园规划的主导地位；凸显实践教学的特色	与教学区融合，连接最紧密，相互干扰较小
适用范围	适合有污染的实训专业；有设备噪声的实训专业；大型设备使用的实训场所；实训较少，使用频率不高的专业	适合办学目标较为明确的高职教育（如医专学校）；实训项目污染较小或者无污染的实训教学专业	适合理实结合紧密的专业；实训场所的污染较小；不同专业实训场所交叉使用；实训与理论课时比例相当

2.2 实训空间设计研究

2.2.1 影响实训空间设计的因素

影响实训空间设计的因素主要包括：仪器设备、教学模式、行为模式、上课规模等。其中仪器设备是最重要的影响因素。

1. 仪器设备

仪器设备特别是大中型设备，会对实训空间提出一定的设计要求，是实训空间设计的关键影响因素。

（1）实训设备种类

高职院校的教学设备主要有模拟设备、仿真设备和实际设备三种类型。模拟设备和仿真设备是实际设备按照一定比例缩小的教学模拟操作模型，实际设备往往尺寸较大，需要专门的技能实训场地。

（2）实训设备尺寸

实训设备的大小是衡量实训空间大小最重要的指标，根据每件设备大小、相互之间的最小工作间距以及所需的交通面积可以估算出每件设备的平均用地大小，是指导实训空间大小设计的重要因素。不同专业的实训设备尺寸各不相同，其对实训空间的需求也各不相同。

小型实训设备一般可以置于实训台上，如需较为精密仪器的实训设备，实训台的具体尺寸应根据具体专业的要求进行选择。中型实训设备一般不需要实训台等辅助实训家具，且对实训建筑层高等没有特殊要求。仪器自身外形尺寸长宽高与一般实训台相似。大型实训设备本身体积较大，实训设备的尺寸大小直接决定着实训室的空间大小，对实训室的空间要求较高。

（3）实训设备布置方式

教学设备的布置方式同样也会对实训空间的建设有影响，根据设备的使用方式及目的不同，一般有队列式、组团式、岛式、顺墙布置等几种方式。

（4）实训设备特殊要求

部分专业的部分教学设备对采光、通风、给排水、电压、温湿度、层高、楼层等有特殊要求，在设计时应特别考虑。还有一些设备在使用时会产生一定的噪声、震动、废气等，其用房在布局时应避免对其他用房产生干扰。

2. 教育模式

高职院校主要的教学模式有以下几种。

（1）理实分离模式

理论与实训独立的教学模式是最为传统的教学模式，也是目前高等职业技术学校实训采取的主要模式。理实分离模式就是理论教学与实践教学分开进行，理论课程一般在普通教室学习，通过学习理论知识后，教师再带领学生在实训室学习实践操作技能。该教学模式较为分散。其教学特点有：

理实教学相对独立。理论学习和实训教学时间相对独立和固定，教学计划的制定和完成比较固定、有序。

有效利用教育资源。理论和实训教学分离，教师分管负责。一套理论教学资源和实训教学资源可以供两个班同时授课，在经济条件有限、教育资源不足的情况下，此种教学方式也是较好的选择。

减少教学干扰。工科院校的某些课程，如数控、机电等学科，其有些设备在使用时会产生一定的噪声，采用理实教学分离，以减少各自的教学干扰。但缺点是理论与实训教学脱节。

尽管理实分离的教学模式具有一定的局限性，但对于很多高职院校在其所处的经济条件环境下，该模式还具有长期存在的普遍性。

（2）理实一体化模式

"理实一体化"模式就是理论教学与实践教学结合进行的模式。所谓"理论与实践一体化"教学就是充分利用现代教育技术，将理论、实验、实训等教学内容一体化设置，讲授、实验、操作等教学形式一体化实施，教室、实验室、实训场地等教学条件一体化配置，知识、技能、素质等一体化训练，由此形成融知识传授、能力培养、素质教育于一体的教学体系。其主要方法有：

讲授法。在课堂上将项目展开后，通过演示操作及相关内容的学习，进行总结并引出一些概念、原理进行解释、分析和论证，根据教材，既突出重点又系统地传授知识，使学生在较短的时间内获得构建的系统知识。讲授要求有系统性，重点突出，条理清楚。讲课的过程是说理的过程，提出问题，分析问题，解决问题，做到由浅入深，由易到难，既符合知识本身的系统，又符合学生的认识规律。这样学生就能一步步掌握专业知识。

演示法。演示法是教师在理实一体化教学中，通过教师进行示范性实验及示范性操作等手段使学生观察并获得感性知识的一种方法。它可以使学生获得具体、清晰、生动、形象的感性知识，加深书本知识的学习，将抽象理论与实际事物及现象联系起来，帮助学生形成正确的概念，掌握正确的操作技能。课前教师要做好演示的准备工作，根据课题选择好设备、工具、量具。

练习法。练习法是指学生上完理论课后，在教师的指导下进行操作练习，从而掌握一定的技能和技巧，把理论知识通过操作练习进行验证，系统地了解所学的知识。练习时一定要掌握正确的练习方法，强调操作安全，提高练习的效果，教师应认真巡回指导，加强监督，发现错误动作立即纠正，保证练习的准确性。对每名学生的操作次数、质量做好一定的记录，以提高学生练习的自觉性，促进练习效果。对操作不好的学生要求在旁边认真观摩，指出操作中的错误，教师及时提问，并作为平时的考核分。

（3）校企合作

校企合作是学校与企业建立的一种合作模式，学校通过企业有针对性地培养人才，结合市场导向，注重学生实践技能，更能培养出社会需要的人才。让学校和企业的设备、技术实现优势互补，节约了教育与企业成本。校企合作实现了学校与企业资源共享、信息共享的"双赢"模式。

3. 行为模式

教学设备的使用对象主要是教师和学生。教师通过演示教学向学生展示实训设备的具体用法及各部件的理论知识，学生围观学习，然后再根据教师的课堂指导进行分组或者单独操作。行为模式是影响建筑环境设计的一个重要因素，实训空间注重实践训练，实践训练过程中的行为模式与普通的理论教学不同，需要更为开敞的操作空间，不仅要满足操作人员的空间使用需求，同时也要满足学生的观看视线要求。教师的教学行为会对实训空间的具体使用产生直接的影响，学生的使用人数、使用方式也对实训空间的使用有影响。

（1）演示教学

观摩实训大小与视距的关系（图2.1）。

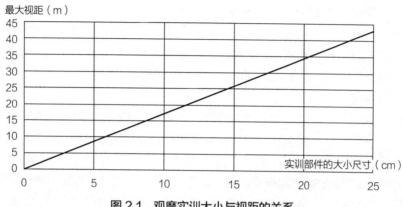

图 2.1 观摩实训大小与视距的关系

学生在观摩学习时，主要是观看教师对设备和仪器的使用过程。经过分析和统计现阶段实训常用设备使用按钮和设备零部件尺寸大小，得出被观摩的实训设备零部件大小与最大视距间的距离关系。

对于中大型实训设备教师演示区域所占的尺寸一般为距实训设备四周 900~1200mm 为宜。演示教学中的交通空间宽度最小为 1.5m。

（2）学生操作

交通区域实训教学区的实训设备与实训设备相邻，实训设备进行单边操作，在实训设备间进行通行时，实训设备操作台操作所需的空间尺度为 500~600mm，单股人流通行所需的空间尺度为 550~750mm。

4. 上课规模

通过对学校的招生信息分析可以发现，目前我国高职院校每个班人数控制在 40~50 人之间。同时学生学习基本满足一个班教学。实训中小型设备保证每人一台机器，中型设备保证平均 2~3 人一台，大型设备保证 4~5 人一台，这样才能基本使学生在教学过程中得到充分的学习。

2.2.2　实训空间的构成

实训空间是以实训教学功能为主的教学空间，因其教学方式的特殊性，即以学生动手为主，教师教学为辅的方式，教学与训练结合，所以在空间功能上存在着复合性和多元性的特征。根据教学内容和教学方式的不同，所需要的空间功能也因其而异。可以将复杂的空间进行空间分解。实训空间由多种功能空间组成，主要为教学空间，其中包括理论和实训、展示空间、交流空间、交通空间以及附属空间。

1. 教学空间

在高职教育中实训教学是教学重点，但是在实训教学中必然融合着理论教学，两者相互结合，可形成"理实一体"的教学空间。

（1）实训教学空间

实训教学空间是整个实训用房的最重要部分，应具有职业仿真性。实训教学主要包括：实训讲解、实训操作、单独指导这三个过程。

实训教学空间主要分为两种，一是仿真职业化工作环境的生产性实训空间，主要用于学生实习实训、真实环境的上岗实训，多为实训厂房或大型实训用房；二是以教学为主要目的的实训教学空间，是学生在上岗之前的仿真实践，多为普通实训用房。

（2）理论教学空间

理论教学为实训教学空间中的教学辅助部分，是教师实施实践教学初期或过程中对学生的集中式辅导，使学生能够安全顺利地完成实训任务，并从实践中反馈所学的理论基本原理和基本技能经验。通常的理论教学空间分为三种形式：固定式、流动式和教学多媒体。

固定式理论教学区。在大型实训室以及"理实一体化"模式的实训室，固定式的理论教学区是其进行教学的必备部分。固定教学区的设置规模一般以实训仪器能够容纳的最大人数来确定，可在实训区域内开放式布置，也可单独划分隔开布置，靠近实训区域，保证为光照、通风最为有利的位置。其他的设计要求参考普通教室设计要求，满足视线距离、避免眩光等基本要求。

流动式理论教学区。流动式理论教学区是对固定式教学的灵活补充，具有灵活性和机动性的特点。在大型实训空间中，往往设置多种实训教学设备，实训项目分区或分组进行，过多的固定式理论教学区会对空间造成浪费，且利用效率不高。流动式理论教学区具有集散快、节约空间资源的特点，在大型实训空间中较多使用。但其缺点是不能进行长时间的理论教学，仅可作为集中讲解、集中答疑、实训前操作说明的临时性教学区域。其设计和使用都是灵活和多变的。

多媒体教学区。多媒体教学区在实训空间中是技能理论课程立体化教学的重要方式，是现代化教学功能多样性的体现。不同学科对计算机多媒体的需求不同，有计算机参与的实训项目通常需要建立专门的计算机控制机房。

2. 展示空间

实训空间中展示空间的主要目的是使教学的全过程更加立体化、形象化，渲染实训空间内的专业氛围。展示的内容可以是学生作品、设备模型、科研成果及图片图示，甚至是多媒体的交互演示等。

展示空间还可以起到不同空间的分隔作用。展示方式根据内容不同，通常可分为壁挂式和展台式。壁挂式节约占地面积，可直接在实训室四壁进行展示，展示内容多为优秀作业作品展示、机械零件展示以及纸质图解图示等；展台式可用于实训前的认识学习，以展台展示设备模型及设备内部剖析等。展示教学有更加直观化的特点，但较占用面积，通常展台式的展示教学空间需单独设置，同时方便教师的教学讲解。

3. 交流空间

大型实训教学的教学时间平均为3~6个小时，学生多采取小组制进行实训实践活动，在这过程中相互讨论也是必不可少的。在实训教学中，小组团队会提出方案、任务分配、待解决问题等进行交流讨论。交流空间宜单独设置，但在教学面积紧张、空间大小不足的情况下可不单独设置，可与理论教学空间部分融为一体。

4. 交通空间

大型实训空间的交通空间不仅要满足基本人流交通的目的，而且要满足大型实训设备的装卸、运转等要求。必要时需设置专门的设备轨道流线。直接对外的设备大门，应以设备的体积大小来确定，交通空间的宽度应等同门的宽度。设有大中型实训设备的实训用房，应尽量在内部中央主通道两端直接对外开门，方便大型设备的移动。实训设备之间应根据实训的特点、站立实训或坐式实训的不同，确立实训活动空间。中小型实训空间以实训台的排布为标准，行走的交通宽度一般为50~75cm，用于人行通过以及教师的巡视讲解。

5. 附属空间

附属空间主要包括如下两种空间模式：

（1）储藏空间

储藏空间是实训空间中不可缺少的辅助空间。目前很多实训用房储藏空间未单独设置或空间不足，造成诸多不便。储藏的主要内容有：①实训设备和材料，包括新进设备、老旧仪器设备以及需更换整修的设备零部件和设备维护用品等，需要设置单独储藏间，并邻近实训空间；②学生用品，包括学生自带物品的暂存、学生实训工具等，可以在入口处设置储藏柜，不能干扰实训教学区域。

（2）办公空间

供教师以及管理人员使用，用于教师休息、存放基本资料、教学教研和对实训空间的值班管理等。

2.2.3 实训空间的空间模式

1. 工业厂房式

实训工业厂房是采用工业厂房的形式进行实训教学的模式。实训工业厂房除了需使用大型设备的实训空间外，还包括其附属用房，如配电房、供水房、排污和设备物资储存等配套空间。

实训厂房通常采用三种布置形式。①单独设置，即为单层厂房。平面形式多为矩形，占地较大，功能比较单一，适用于大型且有特殊要求的实训设备。②底层为实训厂房，二层为普通或大型实训室。③实训厂房与实训楼组合布置。三种布置方式共同的特点是直接与室外空间相联系，便于设备的运输。

实训厂房的优点是便于大型设备的使用，大空间可根据需要进行分隔，适应性较强。其缺点是不便于学校统一管理，占地面积较大，会降低校园的容积率，造成土地的浪费。

2. 大型实训用房

大型实训用房的面积、层高都小于实训厂房，但又大于普通实训用房。大型实训室应便于大、中型设备的运输，在综合实训楼设计中，通常布置在建筑一二层。大型实训用房集学生技能训练、技术开发与生产、职业职能培训与鉴定、职业素质训导等多种功能于一体，可根据实训项目培训链灵活划分，模拟生产。其空间紧凑，有利于提高土地容积率。

3. 普通实训用房

普通实训用房与实验室类似，主要使用中、小型实训设备，一般对空间无特殊要求，同时不会对其他用房产生影响。应注意，一些仪器设施对采光朝向、通风、温湿度、洁净度、上下水等有一定要求。

2.2.4 实训用房的组合模式

实训空间一般由实训厂房、大型实训用房和普通实训用房三项内容组成。各校的实训楼可根据教学需要，将这三类空间组合在一起。常见的组合模式有：毗邻式、垂直式、围合式、串联式等（表2.2）。

各类实训用房的组合模式　　　　　　　　　　　　　　　　表2.2

组合模式	示意图	适用范围
毗邻式	普通实训用房 大型实训用房	大型实训用房与普通实训用房的组合；实训厂房与中型实训用房的组合
垂直式		普通实训用房与大型实训用房的组合
围合式	普通实训用房 大型实训用房　大型实训用房 普通实训用房	大型实训用房与普通实训用房的组合
串联式	中型实训用房 中型实训用房 中型实训用房	各种类型实训用房的相互组合

实训厂房宜独立设置，或在校园容积率较高情况下，在二层布置少量普通实训室；同时可以利用实训厂房层高较大的特点，在部分空间布置夹层，形成普通实训用房，综合使用。大型实训用房宜与普通实训用房综合布置，底层及二层布置大型实训用房，三层以上布置普通实训用房。

2.3 实训用房生均指标研究

2.3.1 现行相关指标

1.《普通高等学校建筑规划面积指标》

为了加强普通高等学校工程规划建设的科学管理，改善教学工作条件，促进教育质量的不断提高，适应普通高等教育事业发展的需要，国家于1992年制订了本规划指标。其与高职院校相关部分具体要求如下。

第二十条　实验室实习场所及附属用房包括基础课、专业基础课、专业课、自选科研项目所需的各种实验室、实习工厂（农场、牧场、林场）、实验室的附属用房（准备室、天平室、仪器室、标本室、模型室、陈列室、动物室、充电室、空调室、更衣室、实验人员办公室等）、全校公用的计算中心等。个别学校设立的分析测试中心应专案报批，不在本指标之内。专职科研机构的实验室，资料室，生产性工厂（农场、林场），医学院校的附属医院，师范院校的附中、附小、幼儿园等均不在本指标之内。

第二十一条　按科类分的实验室实习场所及附属用房（不含计算中心）的规划建筑面积指标不宜超过表2.3的规定。

实训中心在高职校园规划中的布局方式按科类分的实验室实习场所及附属用房（不含计算中心）规划建筑面积指标（m²/生）　表2.3

科别	学科自然规模							研究生补助指标
	300	500	1000	2000	3000	4000	5000	
工科		12.93	11.05	9.53	8.77	8.28	7.93	2.00
理、农、林、医科		12.90	10.91	9.31	8.52	8.02	7.66	2.00
文科		1.01	0.58	0.41	0.36	0.34		0.20
外语、政法、财经		1.46	1.15	0.94	0.85	0.81	0.76	0.20
艺术	15.56	12.32	7.97					2.00
体育		1.98	1.72	1.58				2.00

资料来源：《普通高等学校建筑规划面积指标》

第二十二条　按学校类别分的实验室实习场所及附属用房的规划建筑面积总指标不宜超过表2.4的规定。

按学校类别分的实验室实习场所及附属用房规划建筑面积总指标（m²/生）　表2.4

学校类别	学校自然规模	实验室指标			学校类别	学校自然规模	实验室指标		
		实验室	计算中心	总计			实验室	计算中心	总计
综合大学	2000	6.54	0.63	7.17	医学院校	1000	10.91	0.72	11.63
	3000	5.99	0.46	6.45		2000	9.31	0.41	9.72
	5000	5.42	0.32	5.74		3000	8.52	0.31	8.83

学校类别	学校自然规模	实验室指标			学校类别	学校自然规模	实验室指标		
		实验室	计算中心	总计			实验室	计算中心	总计
工科院校	2000	9.44	0.66	10.10	政法院校	2000	0.94	0.43	1.37
	3000	8.68	0.49	9.17		3000	0.85	0.33	1.18
	5000	7.86	0.35	8.21		5000	0.76	0.24	1.00
师范院校	2000	6.13	0.42	6.55	财经院校	2000	0.94	0.43	1.37
	3000	5.63	0.32	5.95		3000	0.85	0.33	1.18
	5000	5.02	0.24	5.26		5000	0.76	0.24	1.00
农业院校	2000	10.49	0.41	10.90	外语院校	1000	1.15	0.33	1.48
	3000	9.53	0.31	9.84		2000	0.94	0.24	1.18
	5000	8.53	0.23	8.76		3000	0.85	0.18	1.03
林业院校	2000	11.05	0.41	11.46	体育院校	500	1.98	0.50	2.48
	3000	10.16	0.31	10.47		1000	1.72	0.33	2.05
	5000	9.00	0.23	9.23		2000	1.58	0.24	1.82

资料来源:《普通高等学校建筑规划面积指标》

2.《高等职业学校建设标准》

为贯彻执行《中华人民共和国职业教育法》和《国家中长期教育改革和发展规划纲要（2010—2020）》，大力发展高等职业教育，适应经济发展方式转变和产业结构调整要求，满足经济社会对高素质高技能人才的需要，促进和适应高等职业教育的改革和发展，提高高等职业学校规划建设的科学化、标准化和现代化水平，为高等职业学校创造良好的办学条件和育人环境，国家于2012年制订本建设标准。与高职院校相关部分具体要求如下。

第二十八条　教学实训用房：包括公共课教室、专业教学实训实验实习用房及场所、系及教师办公用房，建筑面积指标见表2.5。

教学实训用房建筑面积生均指标（m²/生） 　　　表2.5

学校类别	办学规模	生均指标	学校类别	办学规模	生均指标
综合（1）类院校	5000	9.69	综合（2）、师范类院校	5000	10.81
	8000	9.07		8000	10.03
	10000	8.70		10000	9.61
工业类院校	5000	11.51	农林、医药类院校	5000	11.28
	8000	10.85		8000	10.60
	10000	10.50		10000	10.25
财经、政法、管理类院校	5000	6.98	外语类院校	5000	7.76
	8000	6.54		8000	7.24
	10000	6.28		10000	6.95

学校类别	办学规模	生均指标	学校类别	办学规模	生均指标
体育类院校	1000	13.01	艺术类院校	1000	17.33
	2000	12.10		2000	15.11
	3000	11.56		3000	13.70

资料来源：《高等职业学校建设指标》

3. 我国高职院校的办学配置标准

随着我国高等教育的发展和各项改革的推进，原国家教委 1996 年发布实施的《核定普通高等学校招生规模办学条件标准》和《"红"、"黄"牌高等学校办学条件标准》已不再适应当前普通高等学校发展的需要。为此，有关部对其进行了专题研究，并在充分征求有关教育管理部门和部分高等学校意见的基础上，将上述标准重新修订为《普通高等学校基本办学条件指标》。于 2017 年 3 月发布，其与高职院校相关部分具体要求如下（表 2.6～表 2.8）。

基本办学条件指标：合格　　　　　　　　　　表 2.6

学校类别	高职（专科）				
	生师比	具有研究生学位教师占专任教师的比例（%）	生均教学行政用房（m²/生）	生均教学科研仪器设备值（元/生）	生均图书（册/生）
综合、师范、民族院校	18	15	14	4000	80
工科、农、林院校	18	15	16	4000	60
医学院校	16	15	16	4000	60
语文、财经、政法院校	18	15	9	3000	80
体育院校	13	15	22	3000	50
艺术院校	13	15	18	3000	60

资料来源：《普通高等学校基本办学条件指标》

基本办学条件指标：限制招生　　　　　　　　表 2.7

学校类别	高职（专科）				
	生师比	具有研究生学位教师占专任教师的比例（%）	生均教学行政用房（m²/生）	生均教学科研仪器设备值（元/生）	生均图书（册/生）
综合、师范、民族院校	22	5	8	2500	45
工科、农、林院校	22	5	9	2500	35
语文、财经、政法院校	23	5	5	2000	45
体育院校	17	5	13	2000	30
艺术院校	17	5	11	2000	35

资料来源：《普通高等学校基本办学条件指标》

学校类别	高职（专科）				
	生均占地面积（m²/生）	生均宿舍面积（m²/生）	百名学生配教学用计算机台数（台）	百名学生配多媒体教室和语音实验室座位数（个）	新增教学科研仪器设备所占比例（%）
综合、师范、民族院校	54	6.5	10	7	10
工、农、林、医学院校	59	6.5	10	7	10
语文、财经、政法院校	54	6.5	10	7	10
体育院校	88	6.5	10	7	10
艺术院校	88	6.5	10	7	10

学校类别	高职（专科）			
	生均年进书量（册）	具有高级职务教师占专任教师的比例（%）	生均占地面积（m²/生）	生均宿舍面积（m²/生）
综合、师范、民族院校	4	20	54	6.5
工、农、林、医学院校	3	20	59	6.5
语文、财经、政法院校	4	20	54	6.5
体育院校	3	20	88	6.5
艺术院校	4	20	88	6.5

学校类别	高职（专科）			
	百名学生配教学用计算机（台）	百名学生配多媒体教室和语音实验室座位数（个）	新增教学科研仪器设备所占比（%）	生均年进书量（册）
综合、师范、民族院校	8	7	10	3
工、农、林、医学院校	8	7	10	2
语文、财经、政法院校	8	7	10	3
体育院校	8	7	10	2
艺术院校	8	7	10	3

资料来源：《普通高等学校基本办学条件指标》

2.3.2 生均指标影响因素

实训用房生均指标计算公式是：生均指标＝实训用房总建筑面积／学生使用人数。各专业实训用房生均指标的影响因素较多，主要有以下几点：

1. 学制学时

高职院校专业的学制分为三年制和五年制。三年制的实训学时是 2 年，第三年为校外顶岗实习；五年制实训学时是 3 年，第一年是理论学习，第五年为顶岗实习。依据学制的不同，实训学时的安排也不同，对实训用房的建筑面积需求差距较大，从而影响了生均指标的计算。

2. 课程安排

在调研中发现，同等条件下的高职院校在课程安排方面也有不同，理论和实训教学的课程比例不同，对实训用房的面积要求也不同。

3. 实训模式

职业教育常采用的教学模式有"工学交替制""协作制""实体制"。"工学交替制"是最为常见的，学校与企业交替进行实训教学，对校内实训教学基地的要求相对较低，生均指标较低；"协作制"是理论在校内，实训主要在校外，校内的实训基地建设较少，仅满足基本需要，生均指标最低；"实体制"是实训教学完全在校内完成，对校内的实训教学基地要求最高，仿真性也最高，培养学生的职业技能，建设规模最大，生均指标最高。

4. 学生使用人数

办学规模影响招生和专业班级数量的多少，从而影响课程设置的合理程度和实训用房数量及大小。如果班级较多则同一实训项目在安排不开的情况下就要增加此类实训用房的数量。

在实训面积相同时，使用学生人数越多，生均指标越低，反之越高。因此，根据使用学生的数量适当调整建筑面积来保持合理的生均指标，进行正常教学。

5. 校外使用人员

目前我国高职院校已开始向多元化方向发展，在教学同时还对校外人员承担继续教育培训的任务，这也仅限于综合院校及工科类院校的部分专业。

6. 利用率

利用率关系到空间的使用状况。利用率较高时，建筑面积相对较少，生均指标偏低；利用率较低时，造成一定程度的面积浪费，生均指标偏高。合理的利用率是保证生均指标确定的重要影响因素。

以上是影响生均指标的主要因素。在实践建设中，应依据不同的情况，对生均指标进行有效的调节，不能"一刀切"，造成资源浪费。针对不同教学体制的职教，依据不同专业的实训场所需求，确定适应性的参考标准促进职教可持续发展。

2.4 基于专业分类指导的实训空间设计研究

2.4.1 研究目的与意义

1. 形成细分研究，拓展研究领域

高职教育虽属于高等教育教学层次，但其培养目标、教学方式、教学空间、建设重点等都与普通高校有着显著的差别。长期以来，我国由于缺少对职业技术院校的专项研究，针对专业特征进行的实训用房设计研究更是稀少。设计师多将高职借鉴高校进行设计，往往不能充分体现高职院校职业性和实践性的特点，职业教育的诉求无法得到合理反映，并会造成一定的资源浪费。

我国教育建筑研究大都集中在中小学校、幼儿园、高校等，而对高职院校的研究相对较少，本书基于专业划分，对高职院校实训空间设计进行研究，是我国教育建筑设计研究领域的拓展与完善。

2. 基于专业分类，研究实训空间

根据《普通高等学校高等职业教育（专科）专业目录（2015年）》，我国高职院校共有专业大类19个，专业类99个，专业方向749个。高职院校专业划分众多，不同专业间的实训空间要求千差万别，无法统一形成固定的设计模式。因此，应在学科分类指导下，进行具有专业针对性的实训空间设计研究，以满足不同专业的教学需求，提高教学质量和办学效益，更好地为社会经济服务。

3. 提出量化参考面积，为建筑设计提供重要参考

1992年颁布的《普通高等学校建筑规划面积指标》中"高等职业技术院校设置标准"，已不符合职校发展规律并与现实脱节，设计指导意义减弱。教育部2012年编制《高等职业学校建设标准》（征求意见稿二），在"92指标"的基础上对建设规模与项目构成、学校布局与选址、校园规划、校舍建筑面积指标、校舍主要建筑标准进行了完善与修订。不论是"92指标"还是"建设标准"均着眼于学校用地与建设的宏观控制，缺少分门别类地对不同专业进行具有针对性地研究。

本书针对不同专业实训用房的使用特点，提出的面积、数量配置参考，可为设计师、校园基建人员提供重要参考。

2.4.2 研究内容与方法

本书基于专业分类，以高职院校常见专业的实训空间作为研究对象，涉及工科类（制造、机械、汽车等专业）、医护类、化工类、农林畜牧类等常见专业。通过分析当前高职院校实训空间设计存在的问题，结合实地调研，总结现状使用问题，结合专业特点，分析各专业实训用房设计影响因素，提出各专业实训空间的设计原则、总平布局、空间组成、空间模式、设备布置、面积大小、数量配置、参考指标等方面，对其进行了深入研究，为高职院校的实训空间设计提供重要参考，完善设计理论，促进高职建设科学健康地发展。

3 机械制造类专业实训空间设计研究

3.1 专业概况

"制造业指对制造资源（物料、能源、设备、工具、资金、技术、信息和人力等），按照市场要求，通过制造过程，转化为可供人们使用和利用的工业品与生活消费品的行业。[1]"机械制造专业属于工科制造大类中的专业，在《中国普通高等学校高职高专教育指导性专业目录》中对机械制造专业进行了细致划分："机械设计制造类共12个专业：机械设计与制造、机械制造与自动化、数控技术、电机与电器、玩具设计与制造、模具设计与制造、材料成型与控制技术、焊接技术及自动化、工业设计、计算机辅助与制造、精密机械技术、医疗器械制造与维护。"

制造专业在我国有着非常重要的地位，无论从国家高等职业教育的建设上看，或是从区域发展的要求上看，制造专业在各方面发展中都占有较高的比例。

3.2 实训空间设计影响因素

由于高等职业技术院校制造专业的特殊性，影响其实训空间的主要因素有：实训设备、上课规模、人的因素、课程设置及教学模式。其中实训设备是制造专业的主要影响因素（表3.1）。

部分制造类专业实训设备尺寸　　　　　　　　　　　　　　表3.1

设备类型	设备型号	外形尺寸 长×宽×高（mm）	重量（kg）	照片
数控铣镗床	TZ01-20	390×890×1000	2500	

---

[1] 於华山. 基于知识溢出的江苏制造业上市公司竞争力研究 [D]. 南京：南京财经大学，2011.

设备类型	设备型号	外形尺寸 长×宽×高（mm）	重量（kg）	照片
普通车床	CS6150A	1230×1050×1490	2250	
立式数控铣床	TJ-600	700×320×1500	1500	
立式加工中心	BW80HS	6330×4270×3850	20000	
万能外圆磨床	M1420	2000×1420×1600	2500	

　　实训设备。在本研究中仅对制造类相关专业进行研究，其中"实训设备的大小是衡量实训空间大小最重要的指标，每件设备大小，相互之间的最小工作间距以及所需的交通面积可以估算出每件设备的平均用地大小，是指导实训空间大小设计的重要因素[①]"。

　　小型实训设备一般可以置于实训台上，如需较为精密仪器的实训设备，实训台的具体尺寸应根据具体专业的要求进行选择，一般为（600～750）mm×1000mm。中型实训设备一般不需要实训台等辅助实训家具，且对实训建筑层高等没有特殊要求。仪器自身外形尺寸为1600mm×800mm×1500mm 以上，长宽高与一般实训台相似。大型实训设备本身体积较大，实训设备的尺寸大小直接决定着实训室的空间大小，对实训室的空间要求较高。在制造专业中 2500mm×1500mm×2000mm 以上为大型设备。

---

① 曲文晶. 工科类高等职业技术院校实训空间研究 [D]. 西安：西安建筑科技大学，2011.

3.3 实例调研分析

3.3.1 陕西 GY 职业技术学院

1. 基本信息及总平面图

（1）学院概况

陕西 GY 职业技术学院位于陕西省咸阳市。现有全日制学生 17000 人，教职工 1160 人。全院全日制普通在校学生 16600 余人，开办 50 多个专业。学院占地 650 亩。学校中建筑面积为 46.5 万 m^2（图 3.1）。

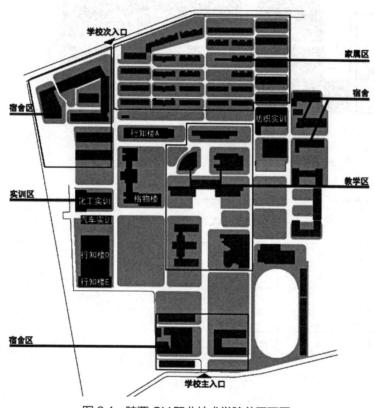

图 3.1 陕西 GY 职业技术学院总平面图

（2）总体布局分析

采用轴线布局方式，教学区由学校中心展开，宿舍区分别位于教学区两侧。实训区偏向学校一侧，离学校出入口较远。

2. 使用现状

在调研中重点选取行知楼 D 对其中课程安排、学生上课、空间利用等进行为期一天的调研。行知楼 D 中当天共有 5 个班级同时实训，一天 9 个班次，上午 5 个班次同时实训，下午 3 个班次，晚上 1 个班次（表 3.2）。图 3.2 是行知楼 D 各实训项目平面布置图。

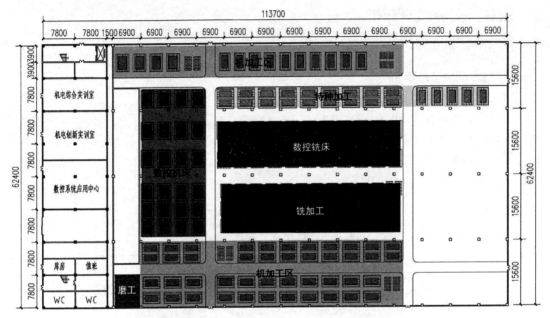

图3.2 行知楼D各实训项目区域

行知楼D使用情况 表3.2

时间	使用班次（个）	计划人数（人）	实际人数	活动	
				学生	教师
7：00～8：00	5	209	150人	理论学习	授课
8：00～9：00	5	209	200人左右	理论学习	授课
9：00～10：00	5	209	200人左右	理论学习，休息	辅导
10：00～11：00	5	209	200人左右	实际操作，讨论	休息，辅导
11：00～12：00	5	209	200人左右	实际操作	休息，辅导
12：00～13：00	8	357	280人左右	实际操作，部分学生休息	辅导，授课
13：00～14：00	3	148	140人左右	理论学习	授课
14：00～15：00	3	148	140人左右	理论学习	授课
15：00～16：00	3	148	140人左右	观摩，实际操作，讨论	辅导
16：00～17：00	3	148	140人左右	实际操作	休息，辅导
17：00～18：00	3	148	140人左右	实际操作	休息，辅导
18：00～19：00	4	194	150人左右	实际操作，部分学生休息	授课
19：00～20：00	1	46	45人	理论学习	授课
20：00～21：00	1	46	45人	理论学习	辅导
21：00～22：00	1	46	45人	实际操作	休息，辅导
22：00～23：00	1	46	45人	实际操作	休息，辅导

通过对行知楼D使用情况的分析可以发现，行知楼上课时段主要分为三段：7：00～13：00，13：00～19：00，19：00～23：00。其中在12：00～13：00这个时间段内，最多同时可容纳8个班次的实训。课程设置过于紧张，在早上7：00～8：00这个时间段内虽然是学生上课时间，但上课人数不足，导致教师在授课时较下午及晚上的班次理论教学时间较长。这些都会导致学生在实训过程中削弱其实训效果（图3.3～图3.5）。

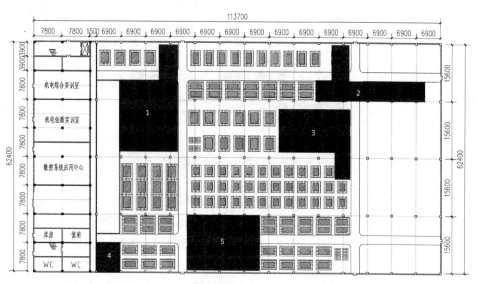

1- 班次1上课区域　2- 班次2上课区域　3- 班次3上课区域　4- 班次4上课区域　5- 班次5上课区域

图3.3　早班上课区域图

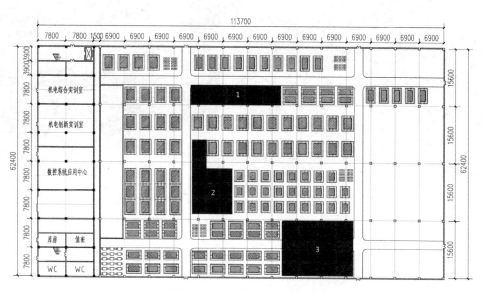

1- 班次1上课区域　2- 班次2上课区域　3- 班次3上课区域

图3.4　中班上课区域图

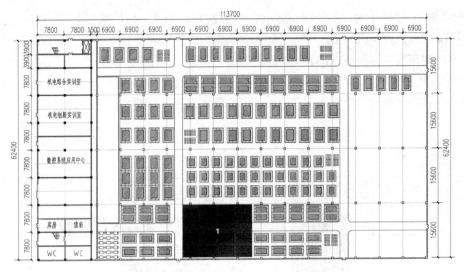

1- 班次1上课区域

图3.5 晚班上课区域图

行知楼D采用了超大实训厂房设计形式，其容纳的机械工程实训中心单个实训室面积达到6221.00m²，在这个实训室中容纳了基础机械加工及部分车床实训等实训内容（图3.6，图3.7）。由于具有较大的功能空间，对于实训机械的尺寸要求相对较小，并且随着实训建设的完善，便于更换实训项目及内容，可变性较强。目前由于实训空间较大，教师在授课时容易受到噪声干扰，理论授课区都安排在离出口位置较近的区域并且教师授课佩戴扩音器。

图3.6 机械工程实训中心授课区

图3.7 机电创新实训室理实一体化

3.3.2 陕西GFGY职业技术学院

1. 基本信息及总平面图

（1）学院概况

学院位于西安市户县，是一所由陕西省人民政府举办的全日制普通高校。学院为"国家示范性高等职业院校建设计划"骨干高职院校首批立项建设单位、陕西省首批示范性高职院校，全院全日制普通在校学生11000人，开设专业39个。

学院南北校区占地面积1003亩，建筑面积28万m²，实训室101个，校内实训中心、实训实习基地30个（图3.8）。

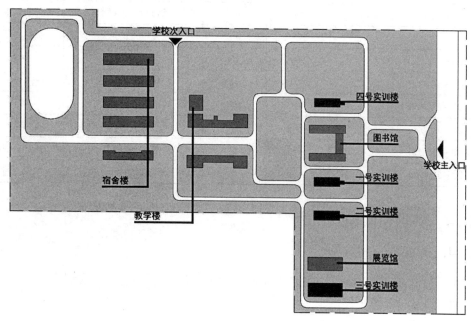

图3.8　陕西GFGY职业技术学院总平面图

（2）总体布局分析

采用轴线布局方式，教学区位于学校后方，入口集中于学校图书馆及实训区，从入口形成了实训—教学—宿舍的"一"字形布局。

2. 使用现状

该校数控加工中心的平面图、实训设备布置及使用状况如图3.9，图3.10，表3.3所示。

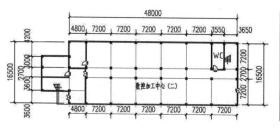

图3.9　数控加工中心平面图

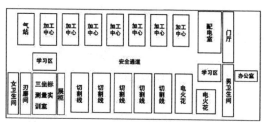

图3.10　实训设备布置区域

时间	使用班次	计划人数	实际人数	活动	
				学生	教师
8：00～9：00	1	49	43	理论学习	授课
9：00～10：00	1	49	49	观摩，实际操作	辅导
10：00～11：00	1	49	49	实际操作，讨论	休息，辅导
11：00～12：00	1	49	44	实际操作	休息，辅导
12：00～13：00	0	0	10	讨论，休息	离开
13：00～14：00	0	0	9	讨论	休息
14：00～15：00	1	48	47	理论学习	授课
15：00～16：00	1	48	48	观摩，实际操作，讨论	辅导
16：00～17：00	1	48	48	实际操作	休息，辅导
17：00～18：00	1	48	45	实际操作	休息，辅导

3.4 实训空间模式研究

3.4.1 实训空间类型

按照机械制造专业实训用房的空间特征与空间规模，可将其分为：实训厂房、大型实训室、普通实训室三类。

1. 实训厂房

（1）空间构成

机械制造专业的实训厂房主要需要使用大、中型设备，主要设有机加工、车加工、数控设备实训等实训项目。实训厂房通常采用三种布置形式：①单独设置；②底层为实训厂房，二层为普通或大型实训室；③实训厂房与实训楼组合布置。三种布置方式共同的特点是直接与室外空间相联系，便于设备的运输。

（2）空间尺寸

实训厂房设计应参照《工业厂房设计规范》中的相关规定。该规范中规定：工业厂房跨度在18m以上，采用扩大模数60M数列（1M＝100mm），跨度在18m以下采用扩大模数30M数列。另外对高度的规定分为有吊车及无吊车两种，但其规定从室内地面至柱顶或牛腿的高度采用扩大模数3M数列。厂房的大小根据生产内容自定。实训厂房的面积不宜过大，否则会造成空间浪费、容积率降低及土地浪费。

①长宽比：结合调研学校的相关数据，实训厂房中长宽比最大可达1：4.8，最小在1：1.5，平均长宽比为1：3.7；实训厂房跨度需满足《工业厂房设计规范》，开间跨度及进深应为300mm的模数，最小不应小于6m。

②层高：实训厂房层高主要分布在9m至12m的范围之内，实训厂房高度中出现次数最多的是9m，平均高度为9.42m；实训厂房分为有吊车及无吊车两种，从室内地面至柱顶或牛

腿的高度采用 300mm 的模数。

③面积：所调研学校的实训厂房面积大都在 600～6000m² 之间，平均面积为 1500m²。实训厂房面积需根据容纳实训项目班次计算。

2. 大型实训室

（1）空间构成

大型实训室是需要满足大中型设备布置的实训空间，这种空间通常需要满足大中型设备及产品的运输，因此在综合实训楼设计中，通常布置在建筑一二层。机械制造类的大型实训室主要包括：现代设计与制造技术实训室、数控技术实训室、模具技术实训室、生产数控实训室、自动化生产线实训室及电力拖动实训室、电工技术实训室、楼宇智能技术实训室、自动化技术实训室、机电一体化技术实训室、电液及焊接实训室、钳工实训室、焊工实训室等。

（2）空间尺寸

①长宽比：根据调研，大型实训室长宽比最大可达 1:3.5，最小在 1:1，建议长宽比控制为 1:2。

②层高：大型实训室层高大多在 3.9m 至 6m 之间。层高应充分考虑设备因素，建议至少为 4.5m。

③面积：根据调研，大型实训室面积多在 500m² 至 1000m² 之间，平均值为 710m²。设置两组或两组以上大型设备的实训空间面积应大于 550m²，理实一体化的实训空间应大于 700m²。

适用于规划面积较小的校园，但在制造专业实训空间设计中提倡优先选择建设大型实训室，满足专业一体化、生产化的建设要求，提高学生实训效果。

3. 普通实训室

（1）空间构成

机械制造专业的普通实训室一般设置中小型设备。普通实训室通常位于实训楼的二层以上，采用内廊式或外廊式组织。

设置中型设备的实训室有：机械控制技术实训室、机械设备维修实训室、气动 PLC 实训室、运动及过程控制实训室、工业自动化实训室、机电设备安装与调试实训室、单片机实训室、电工实训室、现代电器实训室、机床电器实训室、精密测量技术实训室等。

（2）空间尺寸

①长宽比：根据调研，普通实训室的长宽比最大为 1:3.8，最小在 1:1.1，建议供一个班级使用的最小面积下，长宽比应控制在 1:2 左右，普通实训室进深选择 7.5～8.7m 较为合适。

②高度：根据调研，普通实训室的层高主要在 3.9～5.4m 的范围之内，以 3.9～4.2m 为最多。考虑到设备使用情况，建议普通实训室层高最高为 4.2m 或 4.5m。

③面积：根据调研，普通实训室面积集中在 100m²～300m²。建议普通实训室在满足一个班次使用的情况下，面积控制在 150m² 左右。

3.4.2 数控机床实训用房设计

陕西 GY 职业技术学院与西安 HK 职业技术学院是两所国家示范型高等职业技术学校，二者的数控机床实训空间都是国家级的数控实训基地，其实训空间设计具有一定的参考价值。

数控实训空间的功能具有特殊性要求，空间形式也多种多样，根据调研以及分析比较，总结具体的空间设计情况，从数控实训空间的空间尺度、柱网的排布、设备轨道流线以及附属功能空间等问题进行归纳总结，以提供数控实训空间设计参考（表3.4）。

陕西GY职业技术学院与西安HK职业技术学院数控实训空间比较 表3.4

内容	陕西GY职业技术学院	西安HK职业技术学院
数控实训平面		
面积	1800m^2	1200m^2
层高	4.8m	4.5m
轴网		
主通道宽度	轴距3m，净距2.4m	轴距3m，净距2.4m
门尺寸	宽4.5m，高3.5m	宽2m，高3m

陕西GY职业技术学院和西安HK职业技术学院的实训建筑为综合性实训楼，底层的大空间实训，以及上层的中小型实训空间，结构均为框架结构。除少数生产性实训为类似工业厂房式的单层大空间，目前教学实训楼多数为多层的框架结构，空间灵活，可以适应教学发展和变更的需要。

1. 空间尺度

空间尺度是指跨度和层高，主要受实训设备的尺寸、实训规模、实训方式等因素影响。数控实训空间因其设备体型较大、自重较重，通常将其设置在一层，且其需要的空间尺度较大，以容纳多种实训设备和相应的教学辅助空间。

（1）跨间距

以框架结构为例，跨间数根据具体的用地要求可灵活确定，两排数控车床对向布置的最小尺寸，其一跨间的最小尺寸应不小于6.5m。

（2）层高

调研的两所高职院校中，其数控实训空间的层高分别为4.8m和4.5m，空间感受舒适。

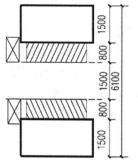

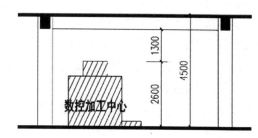

图 3.11　数控车相对布置尺寸示意图　　　　图 3.12　数控实训空间层高示意图

根据数控设备的体型高度，在数控机床实训设备中，数控加工中心设备高度最高，为 2.6m，层高剖面如图 3.11、图 3.12 所示，建议其空间的层高不宜低于 4.5m。

（3）柱网排布

柱网的设计既要考虑实训设备的大小尺寸，又要考虑建筑上层空间的开间进深尺度，还必须考虑结构的经济性要求。当大空间实训与中小型实训以及其他的功能空间进行建筑组合时，此种教学楼为综合性实训楼。综合性实训楼通常为底层大空间，上层为中小空间，因此，底层大空间的柱网排布必须考虑上层空间的形式。上层空间为教学式空间，要求自然通风和采光，因此多采用内走廊平面，两侧布置普通教室或中小实训室。多层厂房的柱网常用形式有六种，可以作为大型实训空间柱网设计参考（图 3.13）。

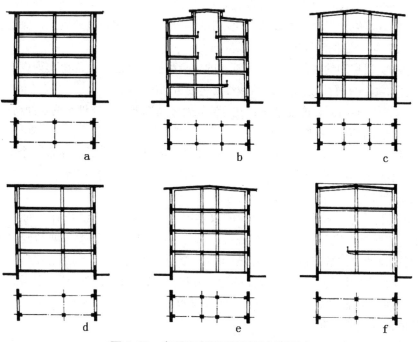

图 3.13　多层厂房平面柱网及剖面图

2．交通空间

数控机床实训空间中，数控机床大型设备的运转以及装卸安装等需要相应的运转空间和通道，而且需要设计相应的通道方向、出入口大小和轨道流线等。其相关的尺寸大小应根据数控实训设备的尺寸决定，为方便设备的运输、突发事件的人员疏散等，主通道宽度应大于或等于2.0m。地面应有明显的通行标示，保证主通道无障碍物、随时畅通的状态。

3．附属功能空间

附属的功能空间包括材料库、设备维修、特殊设备间、配电、办公室、卫生间等，根据数控实训的教学需求，必备的附属空间为：刀具库、刃磨间。

3.4.3　标准实训用房设计

1．基本要求

（1）实训空间要满足一定数量的学生进行实训学习，需有足量的面积容纳相应的实训设备以及辅助的空间，根据设备的摆放方式以及教师的教学方式设计适宜的形状和尺度。某些特殊设备需要管线安装等，层高应相应加高，满足基本的设备要求。

（2）实训空间中应配备除实训设备外教学需要使用的各种设施，如讲台、黑板、多媒体教学设备以及展示柜和储藏柜等。教师演示台以及学生用实训设备的安装要便于学生的就座或站立使用，以及方便通行，便于疏散和教师的巡视辅导。

（3）标准实训空间属于教学使用空间，应尽量保证自然通风的要求。尤其某些实训设备运转会产生大量热能，如机电类、电气类和计算机等，良好的自然通风和保持空气流动助于散热。北方寒冷地区要有必要的采暖设施，南方干热地区需设置遮阳等设施。

（4）除某些实训设备有光照和温湿度等特殊要求，其他标准的实训空间应保证良好的朝向和采光。尽量避免太阳直射对设备产生不利影响。人工照明强度要到位，保证在自然光照不好的情况下，实训空间的亮度达到要求。

（5）标准实训空间的内部需要考虑管线的设置和排布问题。大部分实训设备的运行都需要通过电动力，配电设置以及电压的荷载都是需要考虑的问题。

（6）实训空间的内部装饰要考虑到安全性问题，特殊要求的实训空间墙面材料要求耐用、抗热、防腐，地面防滑且要利于清洁。

（7）实训空间门的要求。实训室通常面积较大（>60m²），使用人数以一个班（约50人）为限，所以通常设置两个疏散门，要求外开。门洞的大小要求大于1.2m，当设备体积较大时，门洞大小要适当放宽，以设备方便进出为标准。

（8）荷载及运输的特殊要求。一般的教学用房可按200kg/m²设计，而实训室多采用400kg/m²。特殊重型设备一般设置在底层，如需布置在楼层，则要采取结构局部加强的措施，但同时在设计时需解决设备安装、搬运及检修所必需的大门、通道、电梯运输、安装孔及吊钩等。实训室的设备、工具及成品的运输方法，在初步设计时就要予以考虑。建筑内部的水平运输与垂直运输设备需形成方便的网络，避免因台阶而妨碍运输工具的运行。

2．空间内部主要设施

标准实训室的主要基本设施有演示台与黑板、实训台、其他辅助设施（图3.14）。

（1）演示台与黑板

教师的实训台大小应依使用功能而异。教师进行演示操作的实训台应宽大，其尺寸依据设备的大小而定。标准尺寸可为 700～800mm×2400～2800mm。边讲边进行实训的实训台，因不进行大型的演示操作可适当小些，尺寸可为 600～700mm×1800～2400mm。为了便于学生观看教师的演示，演示桌应设于 200mm 高的讲台，讲台宽度可为 1500～1800mm。

图 3.14　标准实训室的基本设施

黑板
储物柜
电教设施
演示台
实训台

如在演示台上装设电教设施（幻灯机、电视机、投影仪等），应适当增大演示台与黑板的距离，以保证黑板的投影银幕可映出较大幅面的图像。实训室的黑板在使用要求等方面与教室黑板是一致的，但面积应当稍大。黑板上部应设悬挂挂图的设施，在黑板上部或一侧，还需装设卷帘式投影银幕。

（2）实训台

实训室中实训台是放置实训设备的主要设施，要根据设备的具体要求和体积高度进行实训台的家具设计。若设备体积较小，对实训台没有特殊要求的设备，可设置标准通用实训台，尺寸可参考物理实验桌的设计要求。

（3）其他辅助设施

储存柜和展示柜的尺寸大小依据储存和展示物品的大小和数量决定，形式多样，位置一般放置于实训室的后部边角空间或沿边墙摆放，作为实训教学的辅助教学设备。

3.5　本章小结

本章节通过分析影响机械制造专业实训空间的影响因素，结合实例调研，从制造专业实训空间的布局、面积、层高、空间组织等方面入手，讨论制造专业实训空间的类型、构成及设计要点，为我国高等职业技术院校机械制造专业实训空间设计提供参考。

4 汽车类专业实训空间设计研究

4.1 专业概况

2015年年底，教育部新推出《普通高等学校高等职业教育（专科）专业目录》中，汽车相关专业从属于装备大类和交通运输类（图4.1）。汽车类专业在工科类高职院校中的开设很普遍，在全国109所示范性高职院校中，开设汽车类专业的院校达74所，占比67.9%。本研究中的汽车种类是指常规家庭用轿车，也是目前市场和高职教学使用的主流。

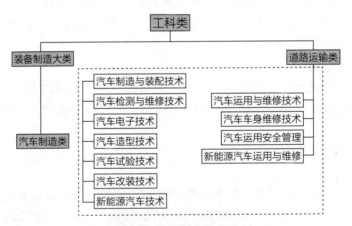

图 4.1　汽车类专业范围

图片来源：根据《普通高等学校高等职业教育（专科）专业目录（2015年）》自绘

4.2　实训空间设计影响因素

4.2.1　实训设备

实训设备在汽车专业教学中具有举足轻重的作用，针对企业岗位工种的需要，不断地论证和实地考察，购置的设备应与教学内容（理论和实践）相配备，按职业教育的要求注重"因材施教，学以致用"。而在汽车类专业实训空间里，影响最为明显的是不同类型的举升机与汽车这两种大型设备，不同型号尺寸的举升机适用于不同形体大小的汽车。

"实训设备的大小是衡量实训空间大小最重要的指标，每件设备大小，相互之间的最小工作间距以及所需的交通面积可以估算出每件设备的平均用地大小，是指导实训空间大小设计的重要因素。"可见，了解不同实训设备的尺寸、安装方式、使用规律等对研究影响实训空间的因素具有很大参考性。

4.2.2 使用人数

1. 校内使用者

能够保证设备足够使用的情况下有效地进行教学，实训中小型设备保证每人一台机器，中型设备保证平均2~3人一台，大型设备保证4~5人一台，这样才能基本使学生在教学过程中得到充分的学习。汽车类专业分多个专业类型，除去基础技能实训室外，每个专业都需要使用专业技能实训室，相同的实训空间面对不同专业和不同学生数的班级，会影响整体空间的使用情况。

2. 校外使用者

这涉及实训空间对外的开放程度，主要指实训空间在闲置时期，对外进行租赁、培训、竞赛等。每个院校根据自身教学特征和条件，能提供给校外使用的可能性不同，这也会给实训空间在使用上的安排带来影响。

4.3 实例调研分析

4.3.1 陕西 JT 职业技术学院

1. 学校建设概况与布局分析

该校区为陕西 JT 职业技术学院本部，教学区与办公区位于西面主入口区域，而宿舍区被服务区与体育运动区分为南北两部分（图4.2）。

该校汽车类专业实训场地主要在综合实训楼内，由于学生多，教学面积小，教学大楼地下车库也被用来作为实训场地，理论教学在教学大楼内进行，综合实训楼与教学大楼直线距离为150m，路线直接，布局相对合理。该校汽车类专业学生分为订单班与普通班，订

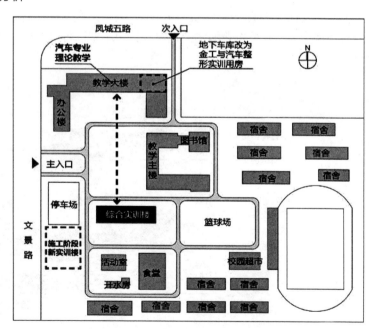

图 4.2 陕西 JT 职业技术学院总平面图

单班为实施理实一体化教学，除了文化课，其他课程都会在综合实训楼内进行。

2. 汽车类专业基本建设概况

（1）汽车类专业实训建筑现状

该校汽车类专业实训场地主要与公路工程、桥梁等专业同处于综合实训楼内，此外，汽车整形实训室由于场地不足而单独放于教学大楼地下车库中（表4.1）。

汽车类专业实训建筑现状 　　　　　　　　　　　　　　　　　　表4.1

内容	综合实训楼	汽车整形实训室
建造年代	1990	2002
结构	框架	框架
层数	共6层	位于 −1 层
使用专业	汽车工程系、信息工程系、公路工程系、桥梁、材料、动漫等	汽车整形技术专业及其他需要金工、焊工等基础技能实训的专业
空间特点	典型的内廊教学楼布局与尺度，却用于各类实训用房，很多房间面积、层高、进深无法满足实训使用	位于地下一层，无法直接通风采光，汽车整形实训需要进行电焊、喷漆等任务，封闭空间噪声更大，危险性高，空气污染重
校外人员使用	汽车类专业部分实训室用于合作企业的培训中心或租赁给公司培训，承办高职汽车专业竞赛	无

（2）陕西 JT 职业技术学院汽车类专业实训空间分类与楼层分布

该校汽车专业各类实训室布局及其平面图如图 4.3～图 4.6 所示。该汽车类实训用房主要分布在实训大楼的一层、二层和五层，其中大型设备实训空间位于首层，中小型设备实训室位于楼上，与其他专业的实训室混合，中小型设备可通过电梯运输，但汽车整车无法到达楼上。

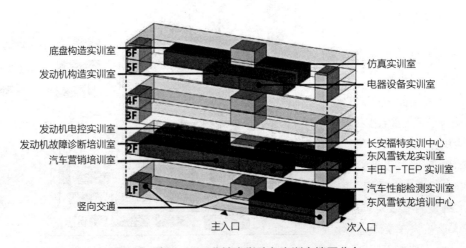

图 4.3　陕西 JT 职业技术学院各实训室楼层分布

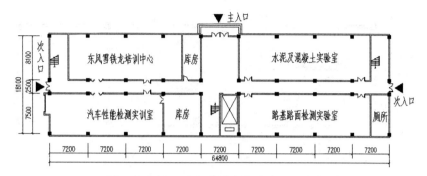

图 4.4　陕西 JT 职业技术学院一层平面图

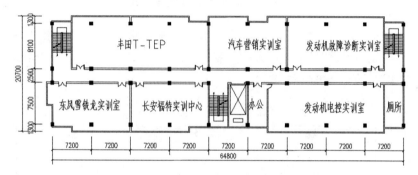

图 4.5　陕西 JT 职业技术学院二层平面图

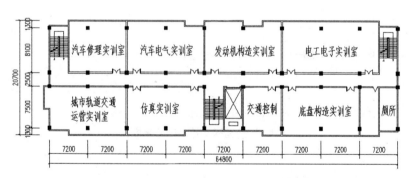

图 4.6　陕西 JT 职业技术学院五层平面图

3. 汽车类专业实训空间现状

（1）大型设备实训空间现状调研

此类空间的调研集中关注其主要的大型设备尺寸与数量、工位划分、汽车进出方式等，该校大型设备实训空间是位于首层的汽车性能检测实训室、东风雪铁龙培训中心。

汽车性能检测实训室可容纳 20 人，位于一层，主要使用龙门式、单剪、超薄三类举升机各一台，配备三辆基本款轿车，整体看来空间狭小，车辆移动困难。虽然配了库房，但实训室一角仍被用来堆放零散设备。需要分班教学（图 4.7）。

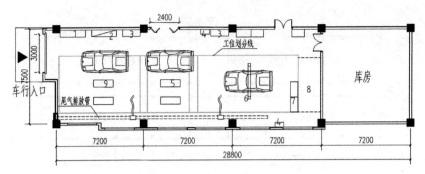

1- 水池　2- 杂物柜　3- 储物柜　4- 动力配电箱　5- 单剪举升机　6- 龙门式举升机
7- 桌子　8- 设备存放处　9- 超薄系列举升机

图4.7　汽车性能检测实训室平面图

东风雪铁龙培训中心可容纳20人，位于一层，属于校企合办实训室，用于学生实训和企业培训，空间较小，地面没有使用标准的环氧地坪，而是地砖贴面；没有安全线划分实训区与通道，整车实训工位不明确（图4.8）。

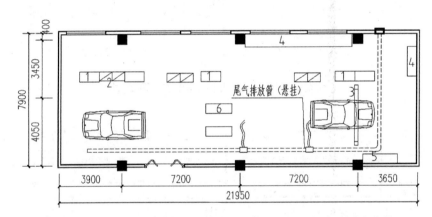

1- 课桌　2- 工具箱　3- 龙门式举升机　4- 展示柜　5- 洗手池　6- 地藏式举升机

图4.8　东风雪铁龙培训中心平面图

（2）中小型设备实训空间现状调研

中小型设备可以归纳为各类实训台、试验台、工作台、桌椅等，调研中对主要设备尺寸、设备间距、容纳人数进行测绘统计。

发动机电控实训室在使用中被划分为教学区、教室休息区和设备存放区，桌椅陈旧，学生根据教学需求，灵活摆放桌椅；洗手池为后期使用中添加，临时搭接的水管暴露在楼板下。存放各类实训、实验台和零配件桌，摆放杂乱，预留的操作空间狭小，试验台用电不便，课堂上随意拉接线板，有安全隐患；没有设置相应的理论教学区（图4.9）。

发动机构造实训室可容纳40~50人，位于五层，实训室在使用中被划分为教学区、教室休息区和设备存放区，桌椅陈旧，学生根据教学需求，灵活摆放桌椅；洗手池为后期使用中添加，临时搭接的水管暴露在楼板下（图4.10）。

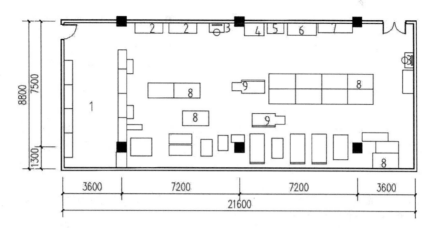

1- 设备存放区　2- 速腾轿车电气系统教学平台　3- 电脑桌　4- 电控空气悬架系统实验台
5- 无级变速传动原理实验台　6- 电控动力转向实验台　7- 水池　8- 桌子　9- 自动变速拆装与检测实训台

图4.9　发动机电控实训室平面图

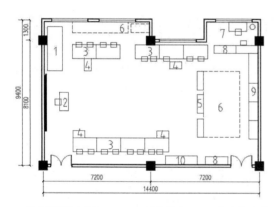

1-发动机翻转磨合机FZM　2-教师讲桌　3-工作台（8个）
4-工具箱（4个）5-长椅（3个）6-设备放置区
7-教师休息区　8-储物柜（3个）
9-储物架（4个）10-洗手池

图4.10　发动机构造实训室平面图

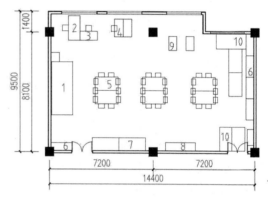

1- 讲台　2- 多媒体播放台　3- 教师休息区
4- 作业批改桌　5- 工作台　6- 储物柜（5个）
7- 汽车拖拉机电气万能试验台（2台）
8- 洗手池　9- 起动机（2个）10- 闲置工作台（5个）

图4.11　汽车电气实训室平面图

　　汽车电气实训室可容纳40~50人，位于五层，课桌分为三组摆放于教室中部，设备置于教室四周，可根据授课需要，重新摆放课桌进入传统教学形式（图4.11）。

　　底盘构造实训室可容纳40人，位于五层，除去设备外，所剩空间狭小，学生课堂随意安排座位，实操时，设备与空间明显不够，室内留有原液压实训台（水泥制）（图4.12）。

　　汽车仿真实训室可容纳50人，位于五层，主要设备有电脑设备、工具柜、示教板，类似于计算机房的布局，主要通过软件进行模拟实训，利用建筑造型隔出教师临时休息室，有示教板可进行讲学（图4.13）。

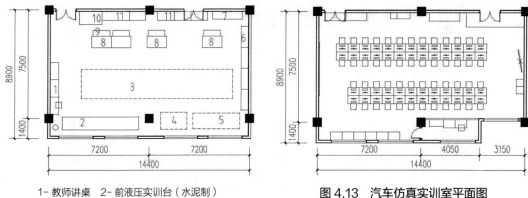

1- 教师讲桌　2- 前液压实训台（水泥制）
3- 底盘教学设备　4- 学生休息区　5- 设备存放区
6- 储物柜（4个）7- 洗手池　8- 工作台
9- 长椅　10- 闲置工作台（5个）11- 储物架（4个）

图 4.12　底盘构造实训室平面图

图 4.13　汽车仿真实训室平面图

4. 实训空间使用总结

根据实地调研，对陕西 JT 职业技术学院汽车类专业实训空间的使用情况做如下总结：

（1）各实训室布局分散

汽车类实训室与其他各类专业实训室同处一栋楼，造成相同类型专业无法分配在同一楼层，汽车类专业实训室因此分布于三个不同楼层，且很多实训室之间间隔其他专业实训用房，给教师教学和学生上课造成不便。

（2）使用面积严重不足

由于先有的建筑，并且建筑尺度是传统理论教学的尺寸，后期植入专业实训室，在面积上有很大影响，特别是汽车专业涉及一些大中型设备，对建筑本身的柱网、层高就有特殊要求。因为面积不足，每次只能一半的学生使用某个实训室，另一半学生拆分去其他实训。

（3）实训设备不够，摆放随意

一方面是由于部分班级学生人数过多，另一方面是由于面积过小，无法按照合适的距离和顺序摆放设备，使得一些实训室设备处于堆放状态，部分实训空间变成"临时库房"，占用了教学空间。

（4）单个实训空间内部功能划分混乱

作为大型实训空间，以实操为主，但仍需要设置一定的理论讲解场地，便于教学的进展；中小型实训空间多为理实一体化教学，实训区、理论讲解区和教师休息区等都变成了教学中师生根据需要随意圈定的几块场地，彼此联系不明确，空间使用浪费大。

（5）基础建设不规范

有些坏了的设备未能及时维修，设备用电随意拉放接线板，无安全防护，大部分实训室未做标准的环氧地坪，未划分操作区与安全通道，此外，室内洗手池为后期安装，设施陈旧，导致洗手池附近区域潮湿。

4.3.2 西安 QCKJ 职业学院

1. 学校建设概况与布局分析

（1）总体布局概述

校区位于白鹿原大学城中，主教学区位于主入口处，生活服务区分布于校区东面和南面，西北部空地为驾训场，各实训楼主要延西南侧布置，其中汽车专业有专门的汽车实训楼，近年来由于招生人数的增加，原先的阶梯教室一层和三层也分别被扩张为汽车底盘检测综合实训、校企合作教学基地，三层与汽车实训楼通过连廊连接（图 4.14）。

（2）实训教学区与专业理论教学区的位置关系

该校汽车类专业教学主要集中在汽车实训楼和对面的阶梯教室内，一至二层主要为实训教学，部分携带理论授课小教室，三至五层为理实一体化实训室，分区明确，联系较为紧密。

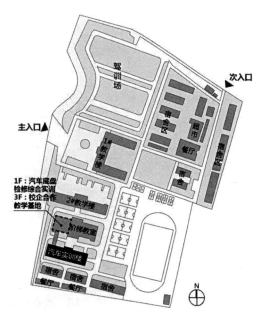

图 4.14　西安 QCKJ 职业学院总平面图

2. 汽车类专业基本建设概况

由于是专门的汽车类专业院校，专业设置比普通高职院校更加全面，引进了当下十分热门的新能源技术；招生人数庞大，分为三个系别，大小班教学，每班的人数比普通公办院校更多；一二年级在校生均使用汽车专业实训用房。

（1）汽车类专业实训建筑现状

该校汽车类专业实训用房主要分布在汽车实训楼的 1~5 层，后期扩张到对面阶梯教室的一层、三层，两者通过天桥连接，可通车（表 4.2）。

汽车类专业实训建筑现状　　　　　　　　　　　　表 4.2

内容	汽车实训楼	阶梯教室
建造年代	2006	2004
结构	框架	框架
层数	共 6 层	3 层
使用专业	汽车类相关专业使用	
空间特点	开间 10 跨，进深 3 跨的汽车综合实训楼，1~2 层主要为大型实训空间，中间一跨作为汽车走道，3~5 层为中小型实训室，6 层主要是计算机房，走道缩小为 3.5m；配备大型电梯，教学车辆可抵达每一层的每间教室	阶梯教室首层西侧被改为底盘综合检测实训室，柱网大小不一，给实训造成一定干扰；三层部分用于校企合作教学基地，人流、车流都是通过与汽车实训楼连接的天桥进入
校外人员使用	西安地区汽车专业技师、高级技师的实操考试等业务，承担着陕西省汽车专业职业技能大赛的组织和承办工作	

（2）汽车类专业实训空间分类与楼层分布

该校实训室分类众多，为满足学生实训，一些实训室设置多个分室，1~2层多为开放式实训工位，放置大型实训设备，3~5层以内廊串联各个中小型实训设备室（图4.15~图4.19）。

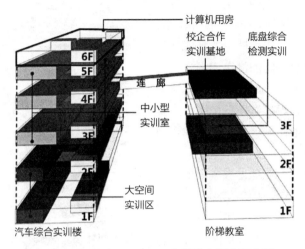

图4.15　西安QCKJ职业学院实训空间分类

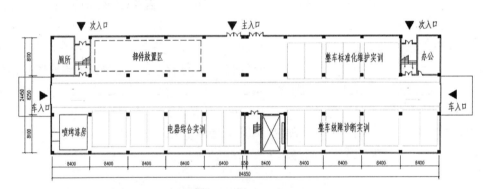

图4.16　西安QCKJ职业学院实训空间一层平面

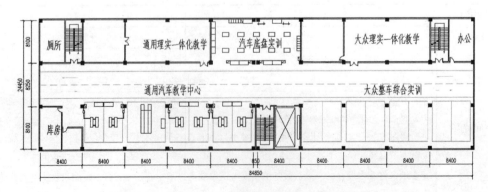

图4.17　西安QCKJ职业学院实训空间二层平面

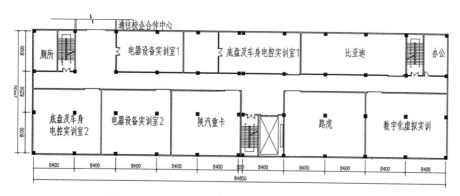

图4.18 西安QCKJ职业学院实训空间三层平面

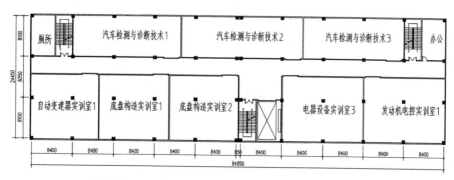

图4.19 西安QCKJ职业学院实训空间标准层平面

3. 大型设备与中小型设备实训用房调研与分析

（1）大型设备实训用房调研与分析

该校大型设备实训空间主要是建筑内部没有再次进行围合的开放式实训空间，在实训名称上划分细致，但在分布上，主要是汽车实训楼的一、二层和阶梯教室的一层。此类空间以整车实训工位为主，在开放的柱网空间下有序布局。作为专门的汽车院校，其地面工位、通道划分更加明确。

电器综合实训区可容纳110人左右。现有拥有8台整车的实训区，分布在四跨柱网中，未安装任何举升机，工位靠近安全通道处，设置课桌作为临时讲解处（图4.20）。

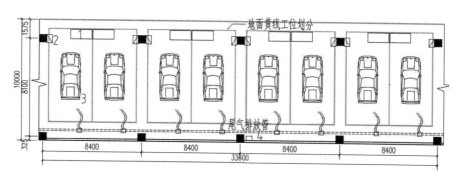

1- 课桌　2- 工具车　3- 汽车　4- 洗手池500×450

图4.20 电器综合实训区平面

整车故障诊断区可容纳 110 人左右。配备 8 台整车和 8 架龙门式举升机，举升机顶端几乎与井字梁相碰；各工位前摆放课桌一台，工位后上方，悬挂汽车尾气排放通道（图 4.21）。

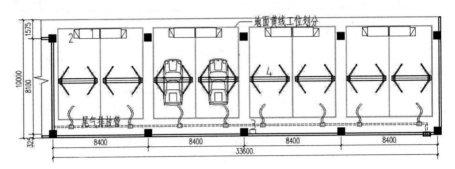

1- 课桌　2- 工具箱　3- 洗手池 500×450　4- 龙门式举升机

图 4.21　整车故障诊断区平面

整车标准化维护实训室可容纳 80 人左右。配备 6 台整车和 6 部地藏式举升机，线路埋地处理，各工位前摆放课桌一台，工位后上方，悬挂汽车尾气排放通道（图 4.22）。

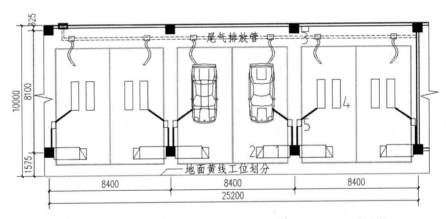

1- 课桌　2- 工具箱　3- 洗手池 500×450　4- 地藏式举升机　5- 控制箱

图 4.22　整车标准化维护实训平面

汽车装饰喷涂技术实训室容纳人数：6 人，实训过程会产生污染气体，其实训教学在专门的喷烤漆房内进行，喷烤漆房作为设备的一种，由学校整体购入，占据将近一个柱网尺寸，该设备内部设置与室外直接连通的排气通道（图 4.23）。

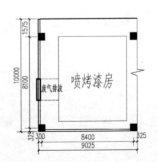

喷烤漆房（mm）：20144×6896×5600

图 4.23　汽车装饰喷涂技术实训区平面

大众整车实训区容纳人数：110人左右，现有8个整车实训工位，标准化布局（图4.24）。

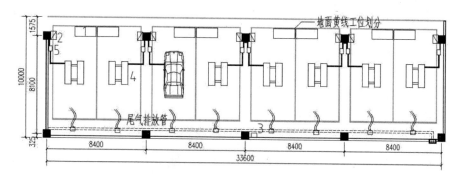

1- 课桌　2- 工具车　3- 洗手池500×450　4- 小剪式举升机　5- 控制箱
图4.24　大众整车实训区平面

通用汽车整车实训区容纳人数：110人左右，由6个超薄系列举升机工位和一台四轮定位实训工位组成，其中四轮定位工位为一个整跨柱网（图4.25）。

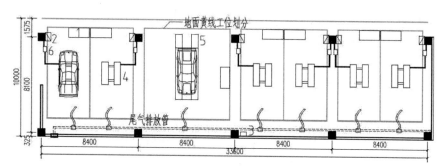

1- 课桌　2- 工具箱　3- 洗手池500×450　4- 小剪式举升机　5- 四轮定位举升机　6- 控制箱
图4.25　通用汽车整车实训区平面

（2）中小型设备实训用房调研与分析

鉴于实训室数量过多，在本次调研中，仅选取汽车实训楼中部分典型布局的理实一体化实训室进行细致测绘。

比亚迪实训室主要设备有实训台、零件展示桌、座椅、黑板与投影、移动黑板，容纳人数：50人左右，理论教学区占据近1/3的面积，采用可收纳椅子两边队列布局，中间放置零件展示桌，便于学生观看，此外，也借助黑板与投影仪进行教学；实训教学区主要放置中小型实训台，配备移动黑板进行讲学（图4.26）。

通用汽车理实一体化实训室主要设备有实训台、零件展示桌、座椅、黑板与投影、移动黑板，容纳人数：50人左右。理论与实训区通过玻璃墙体隔离，理论教学区使用固定桌椅进行传统教学布置，一字排开；实训区主要是各类操作台，需要用电的设备靠墙布置，便于取电（图4.27）。

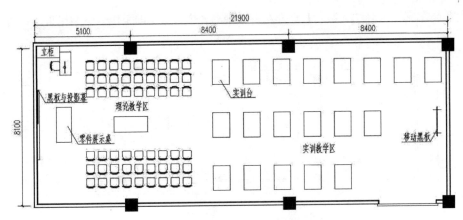

图 4.26　比亚迪实训室主要设备平面

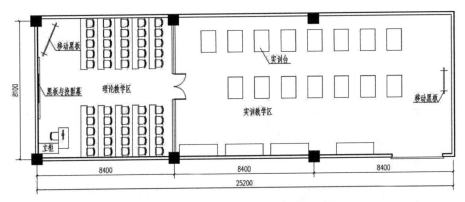

图 4.27　通用汽车理实一体化实训室平面

底盘及车身电控实训室主要设备有实训台、零件展示桌、座椅、黑板与投影、移动黑板、汽车，容纳人数：50人左右。理实教学区融为一体，采用可收纳椅子，理论课时，根据黑板位置，排放椅子，实训时，椅子收起，摆开各类实训台，充分利用空间（图4.28）。

路虎实训室主要设备有实训台、固定座椅、黑板与投影、移动黑板、立柜、沙发，容纳人数：50人左右。配备电脑的固定桌椅组成理论教学区，桌椅与黑板呈对角线布置；东北角隔离出休息区，实训台设置在理论教学区后方，需要用电的设备沿墙布置（图4.29）。

汽车底盘实训区主要设备有课桌、工具箱、工具架、移动黑板、实训桌，容纳人数：50人左右。两开间柱网的小型设备实训空间，主要是各类零件实训桌和工具箱等基本配件，两个移动黑板作为临时理论授课（图4.30）。

4. 实训空间使用总结

（1）理实一体化教室之间声音干扰大

位于走廊两侧的理实一体化教室，为了便于外界对教学的观摩，将距离地面1.2m以上的墙体改为单层玻璃，理论课教室使用多媒体扩音器时，临近的教室之间声音干扰大。

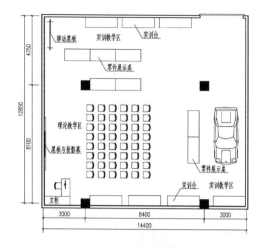

图4.28 底盘及车身电控实训室平面

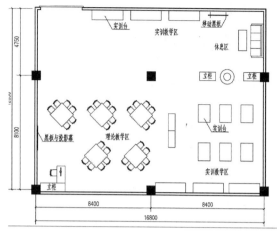

图4.29 路虎实训室平面

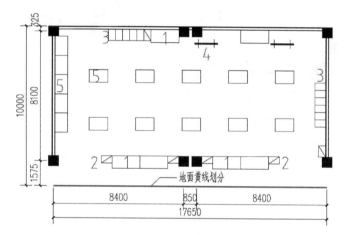

1- 课桌　2- 工具箱　3- 工具架　4- 移动黑板　5- 实训桌

图4.30 汽车底盘实训区平面

（2）存储空间不足

虽然每层配备有一间小库房，但对于众多的实训室来说是远远不够的，在实训教学的各个阶段，总会有些设备处于暂且不用的状态，因而在各个实训室中设置便捷取放的零部件储存区域是十分必要的，而不仅仅是专门的库房。

（3）班级人数过多，师资配比不足

由于教学设备数量固定，招生人数增加了，而教师数量却没有增加，导致教学效率变低，如原先预定每个整车工位7人较为合适，现每个工位学生达到10人之多。

（4）整车实训工位布置更为规范

相比于专业综合的高职院校，调研对象的实训室设备在摆放上更加规则，特别是整车工位上，每个整车工位配备举升机、汽车、工具箱、课桌、操作箱等，其中操作箱固定在地面，举升机用电与每个柱子上的接线器统一连接，裸露在地面的线使用钢板包裹固定，保障使用安全。

4.3.3 上海 JT 职业技术学院

1. 学校建设概况与布局分析

（1）总体布局概述

北校区被呼青路划分为两个区域，西侧主要是普通教学区、生活服务区，东侧主要是实训教学区。校区所处位置局促，校园内部空间尺度明显不足，在整体规划上，没有明显章法，学生上实训课需要沿呼兰路走将近320m才能抵达教学区，这也是在用地紧张的情况下，被挤出来的校区规划（图4.31）。

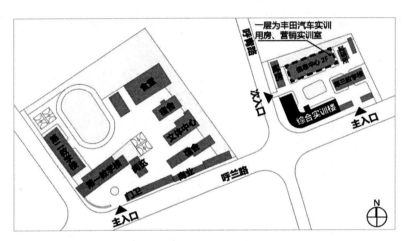

图 4.31　上海 JT 职业技术学院北校区总平面示意图

（2）实训教学区与专业理论教学区的位置关系

汽车类专业实训教学集中在东侧的综合实训楼和信息中心的一层，与各汽车品牌合作建设，采取理实一体化教学的实训布局，实训教学区与专业理论教学区处于同一空间，使用便捷。

2. 汽车类专业基本建设概况

（1）汽车类专业基本信息

该校专业开设较为全面。在教学形式上，一年级学生主要是基础技能实训，二年级根据考评选择对应的汽车品牌班，参与其中的实训，三年级进入顶岗实习，因而仅二年级学生使用专业技能实训室。

（2）汽车类专业实训建筑现状（表4.3）

汽车类专业实训建筑现状　　　　　　　　　　　　　　　　表4.3

内容	综合实训楼	信息中心
建造年代	2002	2002
结构	框架	框架
层数	共4层	共2层

内容	综合实训楼	信息中心
主要专业	汽车类专业、船舶、水运工程专业	汽车类专业、物流管理
空间特点	"L"形布局的框架结构实训楼，进深两跨柱网，后期为考虑汽车上楼，在建筑外接大型楼层举升机	内廊式柱网，三跨进深，中间一跨相当于走廊宽度；首层完全开放，作为丰田汽车实训室和营销实训室，二层为计算机中心
校外人员使用	职业技能考核、培训、专业竞赛、校外人员参观	

（3）上海 JT 职业技术学院汽车类专业实训空间分类与楼层分布

由于该校实训用房多为校企合作建设的汽车品牌实训室，每个品牌拥有独立的综合实训场所，再在其中划分理论与实训范围，此时大型实训设备与中小型实训设备融合在同一空间，互相利用，因而在该校的实训空间分类中，将其统称为综合实训空间（图4.32～图4.36）。

在布局上，"L"形实训楼南侧体块的1～3层部分为汽车实训空间，厕所、楼电梯与其他专业合用，北面信息中心一楼也是汽车实训空间。

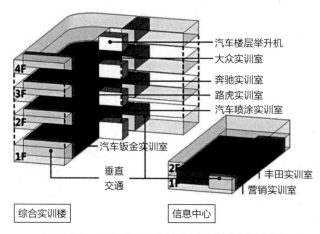

图 4.32　上海 JT 职业技术学院实训空间分类

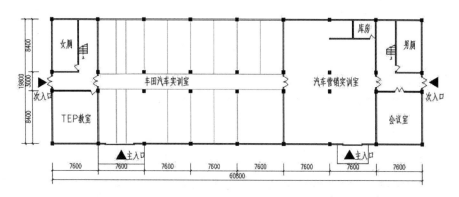

图 4.33　上海 JT 职业技术学院信息中心一层平面图

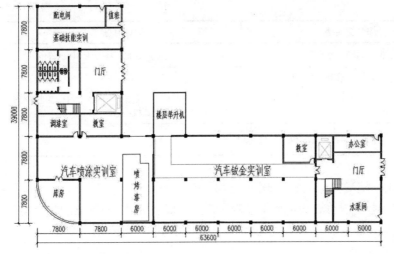

图 4.34 上海 JT 职业技术学院综合实训楼一层平面图

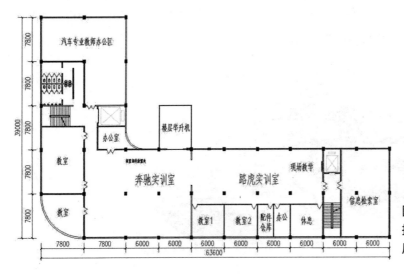

图 4.35 上海 JT 职业技术学院综合实训楼二层平面图

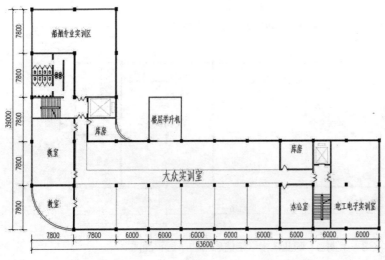

图 4.36 上海 JT 职业技术学院综合实训楼三层平面图

3. 汽车类专业实训空间现状

汽车钣金实训室容纳人数：80人左右。有一条"L"形安全通道将房间分为两部分，北面为一间理论教室和用钢板隔出的6个焊接工作间；南面主要是钣喷实训和车身矫正大型设备；此外该区有两处闲置部件堆放处，整个空间较为拥挤，调研中该实训室处于闲置状态时的布局（图4.37）。

汽车涂装实训室容纳人数：40人左右。该室划分为理论教学室、调漆室、库房、喷烤漆房和洗车区，各区相对独立，但各自协作，完成理实一体化的实训教学（图4.38）。

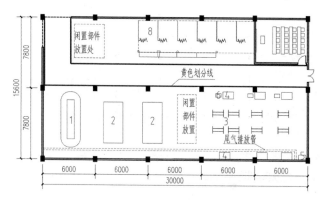

1- 奔腾M2E车身校正设备　2- 大梁校正仪　3- 双向钣喷架
4- 课桌　5- 洗手池500×450　6- 工具车　7- 工具桌　8- 焊接工作间

图4.37　汽车钣金实训室平面图

1- 存放柜　2- 调漆台　3- 洗车区
4- 喷烤漆房　5- 长桌

图4.38　汽车涂装实训室平面图

路虎实训室容纳人数：40人左右。南面主要是理论教室、仓库、休息室、办公，北面为整车和总成实训区，配备现场理论教学区；汽车通过楼层举升机运输（图4.39）。

奔驰实训室容纳人数：80人左右，西侧独立布置两个理论教室；南侧为整车和总成实训区，总成实训区域过于拥挤；北侧为可供汽车进入室内的圆形平台、闲置设备存放区及一间办公室（图4.40）。

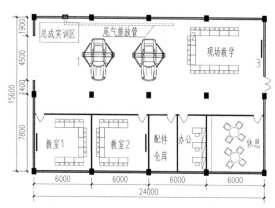

1- 龙门式举升机　2- 桌椅　3- 电视示教屏

图4.39　路虎实训室平面图

1- 大工具箱1000×600　2- 实训台　3- 工具箱650×430
4- 桌子　5- 移动示教板　6- 储物柜　7- 四柱举升机

图4.40　奔驰实训室平面图

大众实训室容纳人数：80人左右。分为总成、整车和理论三种实训空间。总成实训通过展板分隔，整车共6个工位、5台剪式举升机、1台四轮定位；整体配备办公、库房，工位处设置衣柜（图4.41）。

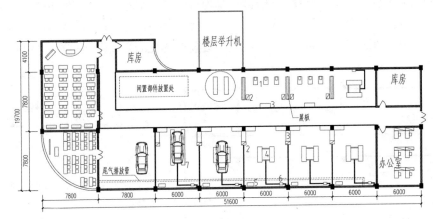

1- 发动机翻转架　2- 工具箱　3- 桌子　4- 小剪举升机　5- 储物柜　6- 控制箱　7- 四柱举升机

图4.41　大众实训室平面图

丰田实训室容纳人数：100人，主入口空间形成一条汽车检测线实训流线，入口右侧为总成实训区；整体共9个整车实训工位，配备独立的理论教学区（图4.42）。

营销实训室容纳人数：40人左右，模拟4S店的布局设计，学生用于参加汽车销售、售后服务接待、商务礼仪、保险理赔等实训。功能上配备理论教学区、教师办公区、休息区和库房，空间开敞。入口便于车辆进出采用坡道式（图4.43）。

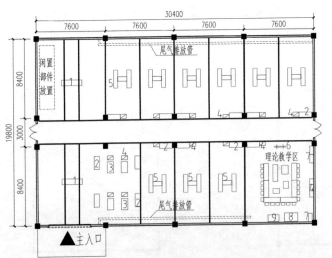

1- 汽车检测线2360×660　2- 零件桌1400×600　3- 发动机翻转架1200×700
4- 工具箱650×430　5- 剪式举升机1900×1900　6- 移动电视示教屏
7- 文件柜900×400　8- 工具架1450×900　9- 威驰专用工具1200×700

图4.42　丰田实训室平面图

1- 咨询台　2- 休息区　3- 摆设
4- 报刊栏　5- 文件柜

图4.43　营销实训室平面图

4. 实训空间使用总结

该校的使用评价主要通过师生访谈和现场观察总结，如下：

（1）注重实训室环境营造

该校与企业合作，在实训环境营造上更加贴近企业及 4S 店等真实工作环境。如在丰田实训室中，每一个正常工位前上方，配置有电视显示屏，利于小组教学观摩；大众实训室中将柱子上进行简易装潢，明显的标示出工位编号，并利用柱体安装实训注意事项标牌。

（2）设有小型存衣柜，便于学生更换工服

多个实训室中，布置有小型存衣柜，学生可以到达实训室穿上工服，节约了时间，而存衣柜在解决了问题的同时，也避免了独立设置更衣室造成利用率低的面积浪费。

（3）"U"形课桌布局更有利于课堂教学

众多理论教学课桌布置方式里，"U"形布局被认为更为合理，学生与示教板、教室演示过程的视线接触更为全面。

（4）部分实训室铺地不规范

由于该校实训楼不是针对汽车专业建设，在汽车类专业进驻实训楼时，很多空间已经布置好地砖铺地，再次敲砸掉工序麻烦，于是便在此基础上进行实训教学设备的安装，如奔驰与路虎实训室。

（5）部分整车实训工位尺寸偏大

该校在工位的布置上，以一跨柱网内布置一个整车实训工位为准，实训教师认为偏大，这也与柱网开间尺寸有关，布置两个明显不足，布置只能偏大。

4.4 实训空间规划布局研究

4.4.1 影响实训空间规划布局的因素

（1）实训设备的运输

汽车类专业实训空间规划布局需要考虑校外至实训用房的设备运输流线。由于一些实训设备尺寸较大，搬运过程中需要货车进入校园，抵达实训用房，整个过程存在对其他教学区的干扰，在此需要将实训设备的运输纳入规划考虑。

（2）实训噪声的干扰

汽车类专业的整车实训存在发动机噪声问题，且课时持续时间较长，在此需要避免实训噪声对其他专业教学的影响，那么它与普通教学区、生活区的距离就需要被纳入规划考虑范围。

（3）实训建筑性质的影响

汽车类实训空间通常是厂房或教学楼，若是厂房，则其在形象标识度、建筑尺度问题上，促使它无法成为规划的中心点，且需要考虑将其放置在不明显的区位；若是教学楼形态，建筑自身的重要性、设计感影响着它在规划中的区位，通常实训建筑难以成为校区中的标志性建筑。

（4）风向影响

由于我国大部分地区的季风性气候条件，校园的规划中也应充分考虑风向因素。特别是汽车类专业,一方面是噪声的传导,另一方面是汽车尾气的排放问题,两者都会受到风向的影响,因而在规划布局时,风向问题需要受到重视。

（5）校外人员使用的路径

汽车类专业与市场结合紧密,其实训空间常有企业培训、职业考试等校外人员的参与,特别是一些院校打算将实训空间长期租赁给修理厂,此时校外人员流线与校内正常教学流线的关系,以及校园整体的安全性需要在总体规划布局中得到妥善解决。

4.4.2 实训空间规划布局原则

（1）避免对教学、生活区的干扰

汽车类专业的整车实训容易存在发动机噪声问题,那么校园中教学、生活区域会形成一定干扰。因此,规划中应注意实训建筑与校园其他用房的布局关系,可采用绿化带进行隔离,或者将实训建筑整体设置在校园一角的方式来解决。

（2）当处于主教学区时,协调与其他专业之间的关系

由于基地限制而不得不与其他专业处于一个区域时,此时需要注意将与汽车类专业相似的制造、交通运输等需要使用实训用房的专业安排在相邻区域,整体仍然需要有动静分区,将对其他正常教学专业的影响减小到最少。

（3）开设设备运输专用通道

汽车类专业实训需要一定的大中小型设备,如汽车、举升机、实训台等,设备本身的更新与维护、修复,需要车辆进入校园进行相关的运输,为了避免对正常教学的干扰,可在总体规划中便于联系实训用房的地方,开辟一条独立通道,作为其运输专用路。

（4）位于主导风的下风向

风速可以带动声音和气味的传播,汽车类专业发动机实训中产生的噪声与直接排向室外的尾气,对校园环境存在一定影响,因而将其置于主导风的下风向以减少影响;若是与其他专业共同组成实训建筑群体的方式存在,那么各实训建筑之间最好有一定的间隔。

4.4.3 汽车类专业实训用房规划布局模式

在规划布局中,既要规避其对正常教学动线的干扰,也要相对其他制造类专业具有一定的独立性。在此从规划用地紧张和充足两个层面,将实训用房规划布局归纳为两种模式:实训空间与教学区并列、实训空间偏置校园一隅。以下结合调研,具体分析这两种布局模式的特点。

苏州 GYYQ 职校的布局模式为实训区与教学区并列。该校多个专业的实训用房并列设置,和其他专业的教室之间存在 25m 以上的防噪声间距。该模式适用于学校建设用地紧张或新建实训用房受限的情况。

校区布局设有南北主轴,轴以图书馆为核心形成主入口区,生活、服务、教学、体育四区使用连廊连通。教学区采用组团式布局,承担机电工程、精密工程、信息工程等院系的基础教学与实训教学。汽车类实训用房分为两部分:一部分是位于主教学区的中小型实训室,负责总成实训,教师办公也在此处;一部分是临时设置于体育看台下的整车实训区。由于学校面积有

限，难以独立设置校内实训用房。
整车实训区临近次入口，设备进
出便捷；布局紧凑，节约用地。
但是整车实训与总成实训距离太
远，教学上难以产生联系；整车
实训区空间局促，尺寸不足；综
合式教学区，实训空间难以相对
独立对校外人员开放（图4.44）。

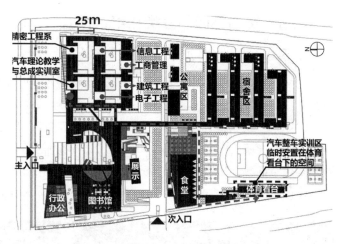

图4.44　苏州 GYYQ 职校总平布局图

YA 职院实训区偏置校园一
隅，独立于主教学区、生活区，
干扰性小；可成区建立多个专业
实训用房；易于形成独立对外的
使用环境。适用于规划用地面积
充足的院校。一条主轴和几条次轴将校区划分为教学区、生活区、服务区、运动区、实训区；
主入口连接主轴，两边分布教学楼，以图书馆为主要形象标识；实训用房集中于西北角几座
厂房，其他部分实训室分布于各个教学楼内。汽车实训厂房布置于西北侧的综合实训区，周
边分布数控、模具、焊接等实训厂房；零配件库房暂时设置于旁边教学楼内，距离较远；目
前汽车类专业理论教学位于最东侧教学楼内，与实训厂房距离很远。实训区独立设置，对正
常教学干扰小；有次入口可直接进入实训区，避免与教学办公流线交叉；实训厂房便于独立
租赁使用。但实训用房距离理论教室过远，不利于理实结合教学（图4.45）。

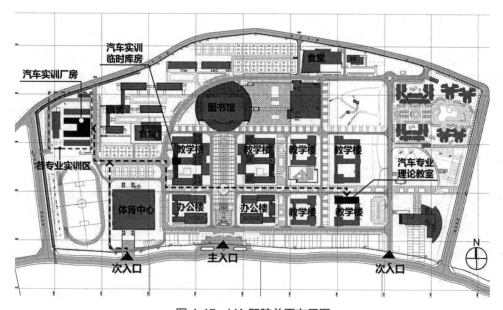

图4.45　YA 职院总平布局图

4.5 实训空间的分类和组合模式

4.5.1 实训空间的分类

基于对几所高职院校的调研分析，汽车类专业的专业技能实训空间可从以下几个角度进行分类：

（1）从建筑结构来看，汽车类专业实训空间有厂房形式和混凝土框架结构形式。厂房式实训空间易形成大空间，可在内部自由划分各实训室，在空间尺度上限制小，容积率低。混凝土框架结构教学楼中实训空间的优点是易于分隔小房间，彼此之间干扰小，但柱网尺度对大型设备会有一定限制，一般容积率高（图4.46，图4.47）。

图4.46 厂房形式汽车实训空间　　　　　　图4.47 框架结构形式汽车实训空间

（2）从实训对象来看，可分为总成实训空间、整车实训空间、总成与整车综合实训空间。汽车四大总成包括发动机、电器设备、底盘、车身，总成实训空间主要以此四项内容为主建立实训室，形成不同的模块进行教学；整车实训空间主要在汽车整车上进行实训，对空间尺寸要求较大；实际建设中，还有很多院校将总成与整车实训安排在同一空间中，彼此可相互辅助教学，在此称为总成与整车综合实训空间（图4.48~图4.50）。

图4.48 总成实训空间　　　　图4.49 整车实训空间　　　　图4.50 总成整车实训空间

（3）根据设备尺寸，实训空间可分为大型设备实训空间和中小型设备实训空间。大型设备主要是各种举升机和汽车，对空间尺度有一定要求；中小型实训空间指各类实训、试验台、工具箱和配件等，该类器材在使用上，对空间尺度要求不高。实际中，很多实训用房会同时具有多个不同尺寸的设备（图4.51，图4.52）。

图4.51　大型设备实训空间

图4.52　中小型设备实训空间

（4）从空间形式上来分，可分为开放实训区和独立实训室。开放实训区指在建筑内部未经再次划分的区域，如西安HK职院和西安QCKJ学院均存在这种实训空间；独立实训室指在建筑内部再次进行划分的实训室，多以理实一体化实训教学为主，如陕西JT职院的实训室划分，也存在如上海JT职院将一定范围的教学面积划分给各个企业，企业再独立进行内部实训划分的形式（图4.53，图4.54）。

图4.53　开放实训区

图4.54　独立实训室

4.5.2　厂房式汽车实训空间组合模式

1. 影响因素

（1）厂房形态

常见的厂房为"一"字形，以此为单元可进行并列组合，达到需要的空间尺度，内部功能可自由划分；也存在如YA职院的"U"形厂房，在某些空间上，内部功能产生一定的隔离；不同的厂房形态内部组合存在差异。

（2）厂房结构

钢结构与排架结构最为常见，钢结构的优点是梁柱合一，构件种类少，柱子一般用 H 型钢或 C 型钢，结构本身对空间占用少；排架结构即两个柱子支撑一个三角屋架，钢筋混凝土柱子尺寸较大，且屋架容易对高度产生影响。

（3）柱网尺寸

《厂房建筑模数协调标准》GBJ6—86 中规定："厂房建筑的平面和竖向协调模数的基数值均应取扩大模数 3M，M 为基本模数符号，1M 等于 100mm。厂房的跨度在 18m 和 18m 以下时，应采用扩大模数 30M 数列；在 18m 以上时，应采用扩大模数 60M 数列。"不同柱网的选择对组合模式产生影响。

2. 组合模式

通过分析，厂房式汽车实训空间在"一"字形厂房、"三"字形厂房和"U"形厂房中各自产生不同的组合模式（表 4.4～表 4.6）。

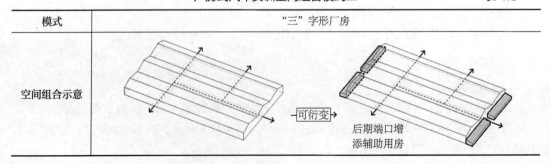

厂房式汽车实训空间组合模式一 表 4.4

模式	"一"字形厂房		
空间组合示意	可衍变 →		后期横向延伸扩展实训面积
特征描述	一条单线贯穿各个功能区域，纵向可延伸或做不同功能之间的分隔		
适用范围	招生人数较少的院校，可安排总成与整车综合实训		
优势	1. 进深适度，可不用开顶窗、侧窗，采光即可满足需求； 2. 各区域之间联系方便		
劣势	1. 各功能区之间流线穿越多； 2. 空间可变性不大		

厂房式汽车实训空间组合模式二 表 4.5

模式	"三"字形厂房		
空间组合示意	可衍变 →		后期端口增添辅助用房

特征描述	三个"一"字形厂房组合而成，可形成多流线内部空间
适用范围	用于学生人数多的院校，也可供不同专业共同使用
优势	1. 可以在柱与柱之间建非承重隔墙，对空间进行任意分隔，也可不建任何墙体，创造开敞的实训空间； 2. 独立实训室可与开放实训区呈环绕关系，相互之间可辅助利用； 3. 附属功能用房可沿山墙面独立设置
劣势	1. 内部柱网排列对功能划分有一定影响； 2. 侧向开窗无法解决大开间内部自然光不足的问题，需要开顶窗； 3. 各实训区之间的噪声干扰大
实例剖面示意	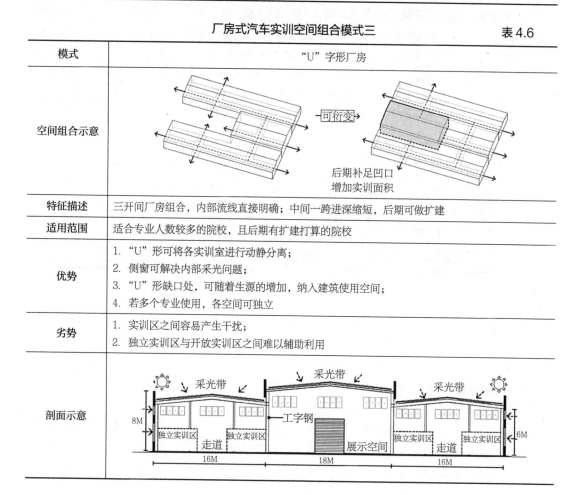

厂房式汽车实训空间组合模式三

表 4.6

模式	"U"字形厂房
空间组合示意	
特征描述	三开间厂房组合，内部流线直接明确；中间一跨进深缩短，后期可做扩建
适用范围	适合专业人数较多的院校，且后期有扩建打算的院校
优势	1. "U"形可将各实训室进行动静分离； 2. 侧窗可解决内部采光问题； 3. "U"形缺口处，可随着生源的增加，纳入建筑使用空间； 4. 若多个专业使用，各空间可独立
劣势	1. 实训区之间容易产生干扰； 2. 独立实训区与开放实训区之间难以辅助利用
剖面示意	

4.5.3　内廊式柱网中的汽车实训空间组合模式

1.　影响因素

（1）是否与其他专业合用实训楼。传统教学楼中的实训用房多属于各类专业混合使用，且年限较久的情况下，专业设置年代不同，难以有效划分各专业实训区，存在将汽车类专业各实训室打乱分布于各楼层的情况，此时实训空间易呈分散布局；若实训空间能正确划分区域，则有益于教学的有效性。

（2）走廊形式。存在内廊、外廊、庭院回廊等形式，实训室主要依附廊道进行功能组织，不同的走廊形态对实训空间总体布局产生影响。

（3）柱网尺寸。柱网影响实训空间划分的自由度，过小使得空间局促，汽车无法到达楼上，使整车实训空间只能安排在一楼，适宜的柱网尺寸更利于功能布局与使用。

2.　组合模式

内廊式柱网布局中的汽车实训空间有三种组合形式，独栋式布局、错位排列式布局和并列庭院式布局，其特点分别如下：

（1）独栋式布局

一般首层用于大型设备实训用房，楼上是中小型设备实训用房。可单独用于汽车类专业，也可增加柱网、层数与其他专业共同使用，用地紧张的院校可采取。

该模式的优势是各实训室相对独立，易于单独对校外人员开放使用。劣势是：①当与其他专业混合使用时，首层的大型设备实训空间进深难以满足；②教学分散，流线过长，给师生带来不便；③首层大型设备实训难以与小型设备实训配合使用；④未来可变性低（图4.55）。

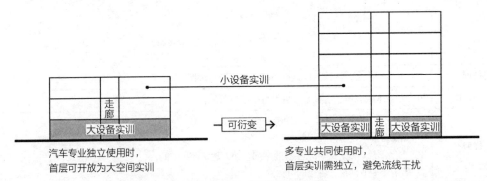

图4.55　独栋式布局空间组织

（2）错位排列式布局

由多个内廊式单元组合，可根据人数扩增建筑形体。可根据学生数调整建筑大小，适用于不同专业混合教学、校园用地开阔的院校。

该模式的优势是：①三栋楼各自独立，又通过连廊有所联系，使各类实训之间可单独使用，也可互相辅助；②一二层为大型实训空间，楼上利用柱网进行独立实训室分布，满足不同空间大小的教学要求；③可用于不同专业共同实训，干扰少；④便于独立对外使用；⑤此类柱网布局与空间分隔方式具有随教学内容灵活转变的可能。劣势是：①出入多，带来管理上的不便；②三栋楼错落连接，对室外场地利用过大（图 4.56）。

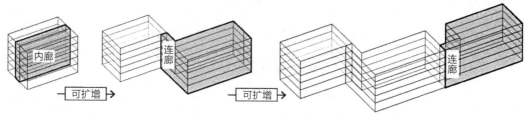

图 4.56　错位排列式布局

（3）并列庭院式布局

该模式适合多个专业共同使用，实训教学与传统教学可共同布局使用。适合多个专业共同使用，实训教学与传统教学可共同布局使用。

该模式的优势是：①教学区域分配明确，易于管理；②形成内部庭院，供专业内部使用；③各资源更好分配，并相互利用。劣势是：①占地面积大；②多个专业使用时，容易产生干扰（图 4.57）。

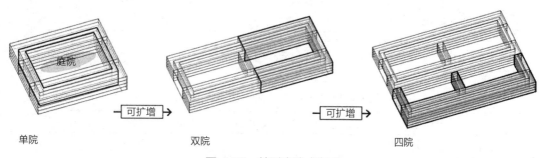

图 4.57　并列庭院式布局

4.5.4　大进深柱网中的汽车实训空间组合模式

1. 影响因素

（1）校企合作力度

一般来讲，校企合作对实训空间组合影响不大，但如上海 JT 职院，将实训空间划分给各个汽车企业，企业再根据教学需求自行划分，此时会对实训空间组合产生影响。

（2）使用对象

综合类高职院校汽车类专业人数由于规模限制，不足以独立使用一栋建筑，常与其他制造专业合用一栋实训楼，多样的使用对象易于分散实训空间的布局。

（3）柱网尺寸

大进深柱网的教学楼中从大类上考虑实训需求，多使用开间数跨，进深三跨的大柱网，但不同学校尺寸有所区别，导致不同的组合形式。

2. 组合模式

大进深柱网汽车实训空间有三种组合模式，分别为多专业混合的"一"字形布局、汽车类专业专用的"一"字形布局和"L"形布局。该三种模式的特点如表4.7~表4.9所示。

大进深柱网布局中汽车实训空间组合模式一 表4.7

模式	多专业混合的"一"字形布局	
空间组织	 首层为开放式大型设备实训 布局1	首层为封闭式大型设备实训 布局2
特征描述	三开间进深接近等距，首层多为大型设备实训，楼上作为传统理论教学或小型设备实训，与其他专业混合使用	
适用范围	汽车类专业人数不多，需要与其他机械制造类专业合并建设的院校	
优势	1. 柱网特征利于大型实训空间的形成； 2. 楼上可安排大型实训空间，也可根据需求划分独立实训室	
劣势	1. 多专业混合使用时，内廊过长，廊道采光不足； 2. 独立实训室与开放实训区不在同层，不利于辅助使用	

大进深柱网布局中汽车实训空间组合模式二 表4.8

模式	汽车类专业专用的"一"字形布局	
空间组织	 可多层作为开放式整车实训 布局1	可整车、总成实训综合在同层 布局2
特征描述	进深三跨等距柱网，配备大型电梯，楼层上也可作为大型实训空间	
适用范围	汽车类专业人数多的院校	
优势	1. 专门的汽车实训楼，分区明确且集中，易于教学的进行； 2. 柱网尺寸充足，便于各种实训空间的布局	
劣势	1. 适合学生多的专门汽车院校，对于生源不多的高职院校则难以实施； 2. 楼上划分小设备教室时，内部容易留下柱网，给教学带来不便	

模式	"L"形布局		
空间组织	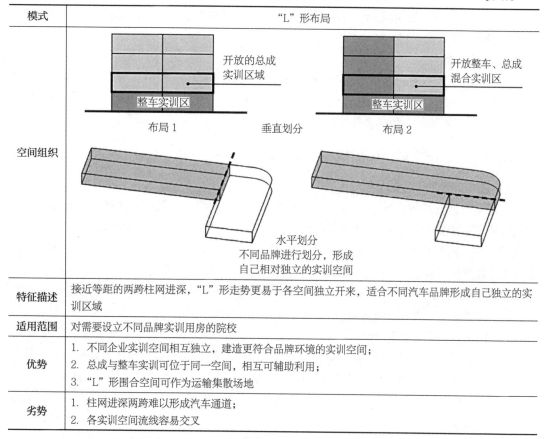 布局1 垂直划分 布局2 水平划分 不同品牌进行划分，形成 自己相对独立的实训空间		
特征描述	接近等距的两跨柱网进深，"L"形走势更易于各空间独立开来，适合不同汽车品牌形成自己独立的实训区域		
适用范围	对需要设立不同品牌实训用房的院校		
优势	1. 不同企业实训空间相互独立，建造更符合品牌环境的实训空间； 2. 总成与整车实训可位于同一空间，相互可辅助利用； 3. "L"形围合空间可作为运输集散场地		
劣势	1. 柱网进深两跨难以形成汽车通道； 2. 各实训空间流线容易交叉		

4.6 实训空间构成及空间模式研究

4.6.1 影响实训空间构成内容与平面布局的因素

实训空间主要以实训教学区为主，按照需求设置理论教学、教室休息、学生休息、库房、展示、厕所等辅助功能，各个院校在各类用房的设置上存在很大区别，主要受以下因素影响：

1. 建筑空间

很多院校是后设置的汽车类专业，因此没有按照专业实训特征进行建筑设计，导致现有空间无法满足实训教学需求。厂房和教学楼不同的建筑形态也会限制实训空间的组成内容。

2. 组合方式

过于分散的组合布局使展示类可共享的空间难以与其他空间共同享用，集中的组合方式则易于各功能之间相互联系，对于组成内容来说更加全面，使用率也更高。

3. 校企合作

校企合作的实训空间多模仿汽车品牌的工作场景，增添很多企业元素，注重功能的完整度，在设备器材的投入上更加先进。学校自建实训空间常因自身因素无法形成完善的实训空间设计。

4. 资金投入

院校常因资金不足而减少一些非刚需的功能建设，如展示、学生休息区等，但作为一个完善的实训空间来说，它们都是必不可少的。

5. 使用人数

不同的使用人数对空间的功能布局与设计产生影响，调研院校中人数为 30~50 人不等，在本章人数的确定上取 40 人为标准班级人数，在使用上，可根据每个工位使用人数的增减上，满足 30~50 不同班级人数的弹性使用。

4.6.2 总成实训空间组成与平面设计

1. 总成实训空间组成内容

调研发现，院校的总成实训空间几乎都配备了理论教学区、教师办公区。调研中很多学生反映实训室中需要洗手池。因受实训教学方式的影响，大多数实训室中有闲置设备临时存放区域，即短期内不需使用而闲置一旁，教师反映没有配置独立库房的必要，利用闲置区域更便于设备进出、取放，可多个总成实训合用一个基本耗材库房即可。

根据调研可知，总成实训室（区）必备主要功能区块为实训教学区、理论教学区、教师办公区、洗手区、闲置设备存放区。

2. 总成实训空间平面设计

在此选取发动机、底盘和车身电气三类常见模块下的总成实训空间作为研究对象，从所需设备数量与使用人数出发，结合设备的操作模式，总结实训室合理的平面设计要点。

实训区根据《室内设计资料集》中人体空间活动需要的基本尺寸，结合使用人数，确定几个主要设备需要的最小操作空间，并根据数量进行合适的空间布局，实训空间在假设某类设备闲置的情况下进行两种方式的布局设计，以便考虑周全。理论教学区的相关尺寸参考《中小学建筑设计规范》，综合探讨各种可能性（表 4.10）。

满足 40 人实训的总成实训空间布局　　　　　　　　　　表 4.10

五种主要设备单项操作空间尺寸				
示教板	实训台	翻转架	工作台	电器实训台

（1）发动机理实一体化实训室

发动机理实一体化实训室平面布局一，理、实同属一个空间，理论区利用 8 张工作台，组建 "U" 形理论教学区，便于教学；实训开始后，可将椅子收起，工作台按使用需求摆放，节约实训区空间；该布局中假设实训台处于闲置。设计要点：①数据方面：净面积为

201.7m²，估算结构的尺寸，进深宜≥8.5m，开间宜≥25.3m，柱网建议选择（开间 × 进深）8400×8600；②教师办公可利用理论区的教学位置（图4.58）。

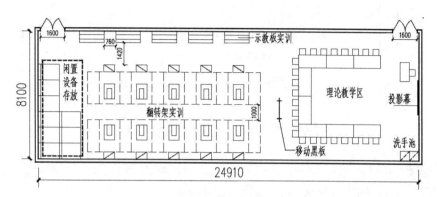

图4.58 发动机理实一体化实训室平面布局一

发动机理实一体化实训室平面布局二，理论区"一"字形排列布局，也可转换为点式布局；实训区域呈"L"形环绕理论教学区；实训台沿墙体布局。该布局假设工作台处于闲置中。设计要点：①数据方面：净面积为243.2m²，估算结构尺寸，进深宜≥14.4m，开间宜≥17.8m，柱网建议选择（开间 × 进深）8900×7200；②理论教学桌椅可收纳，便于实训教学进一步展开；③适合大进深柱网实训楼或厂房中布置（图4.59）。

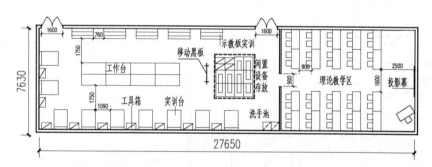

图4.59 发动机理实一体化实训室平面布局二

（2）底盘理实一体化实训室

底盘理实一体化实训室平面布局一，理论区利用工作台做点式布局，可随课程需求变动摆放形式；实训区需要实物解剖车进行教学，实训台沿墙体"一"字形布局。设计要点：①数据方面：净面积为211.3m²，估算结构尺寸，进深宜≥8.2m，开间宜≥27.6m，柱网面积建议选择（开间 × 进深）7900×8400；②点式理论教学布局便于小组讨论交流；③洗手池靠窗口边角设置，避免干扰实训教学，保持通风干燥；④适合教学楼中的独立实训室布局（图4.60）。

底盘理实一体化实训室平面布局二，理论区"一"字形排列布局，也可转换为点式布局；实训区域呈"L"形环绕理论教学区；实训台沿墙体布局；该布局假设工作台处于闲置中。设计要点：①数据方面：净面积为243.2m²，估算结构尺寸，进深宜≥14.4m，开间宜≥17.8m，

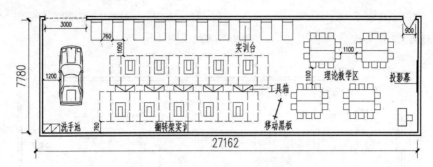

图 4.60　底盘理实一体化实训室平面布局一

柱网建议选择（开间×进深）8900×7200；②理论教学桌椅可收纳，便于实训教学进一步展开；③适合大进深柱网实训楼或厂房中布置（图4.61）。

（3）车身电气理实一体化实训室

车身电气理实一体化实训室平面布局一，以理论教学区为中心，双层"U"形桌椅布局，便于教学演示与观摩，也可根据教学要求转换成点式、"一"字形布局；沿四周墙体布置示教板，便于理、实教学的转换使用。设计要点：①数据方面：净面积为195.6m²，估算结构尺寸，进深宜≥12.5m，开间宜≥16.5m，柱网建议选择（开间×进深）8400×7800；②洗手池靠窗口边角设置，避免干扰实训教学，保持通风干燥；③该布局适用于大进深柱网布局的教学楼（图4.62）。

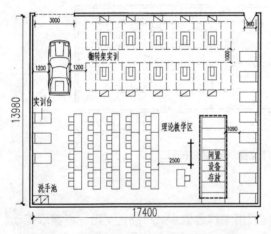

图 4.61　底盘理实一体化实训室平面布局二

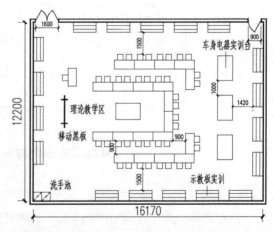

图 4.62　车身电气理实一体化实训室平面布局一

车身电气理实一体化实训室平面布局二，理论与实训教学并列布局于同一空间，理论教学为传统布局模式，也可转换布局方式；实训区以工作台为中心，沿墙体布置示教板。设计要点：①数据方面：净面积为167.5m²，估算结构尺寸，进深宜≥7.1m，开间宜≥25.5m，柱网建议选择（开间×进深）8400×7200；②洗手池靠窗口设置，避免干扰实训教学，保持通风干燥；③该布局适合柱网尺度较小的建筑（图4.63）。

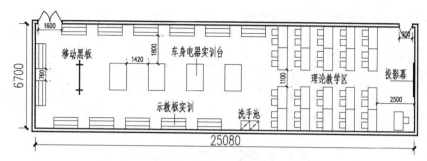

图 4.63　车身电气理实一体化实训室平面布局二

4.6.3　整车实训空间组成与平面设计

1. 整车实训空间组成内容

根据调研，大多数整车教学以各个工位分组教学为主，在一定范围内设置理论教学区域较为合理。整车教学主要是在工位区域对汽车进行实训，大多是站立教学，因而很有必要设置一定的休息区，也可结合理论教学区设置。此外整车实训需要设置洗手池，或利用公共厕所解决亦可。整车实训室一般零散设备不多，可与其他用房共用一个库房。整车实训往往是该专业对外展示的首要部分，因而设置一定的展示区域很重要，为了避免对实训的干扰，展示内容常布置在柱网、墙面上。

2. 整车实训空间平面布局设计

整车实训空间主要由整车实训工位构成，结合调研使用状况，对工位设备的摆放、使用人数进行确定。

上海 JT 职院教师建议使用人数 6~8 人 / 工位，工位尺寸偏大，使用人数较合适（图 4.64）。西安 QCKJ 职院教师建议使用人数 10~12 人 / 工位，工位尺寸较合适，每个工位使用者过多（图 4.65）。陕西 JT 职院教师建议使用人数 15 人左右，工位偏小，使用人数过多（图 4.66）。据访谈反馈，西安 QCKJ 职校工位设计布局最为合适，上海 JT 职校每工位使用人数最为合适。

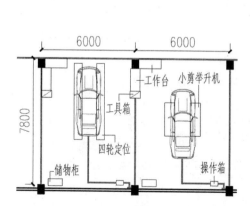

图 4.64　上海 JT 职院整车工位尺寸

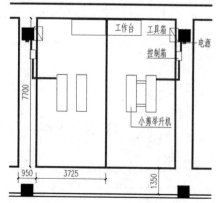

图 4.65　西安 QCKJ 职院整车工位尺寸

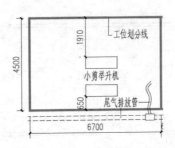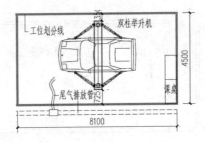

图 4.66　陕西 JT 职院整车工位尺寸

3. 整车实训空间平面布局设计

基于 7 人的整车实训工位，在设备常规尺寸的基础上，结合实训中人的活动轨迹，进行整车实训三种工位尺寸布局，其中四轮定位尺寸最大，剪式举升机与双柱举升机可以采用相同大小的工位尺寸布局（表 4.11）。

满足 40 人使用的整车实训空间布局　　　　　　　　　表 4.11

剪式举升机实训工位	双柱举升机实训工位	四轮定位实训工位

整车实训空间平面布局设计一，整车工位一字排开，沿工位后方悬挂设置尾气排放管，前方配置工作台、工具箱；3m 宽单向安全通道，用于疏散和车辆移动。设计要点：①数据方面：净面积为 316m^2，估算结构尺寸，进深宜≥11m，开间宜≥30.5m，柱网建议选择（开间 × 进深）7800×8400；②理论教学可利用工位前的工作台做简短的小组讲解；③适用于厂房中的整车布局，洗手区在厂房中集中设置，与其他实训用房共用（图 4.67）。

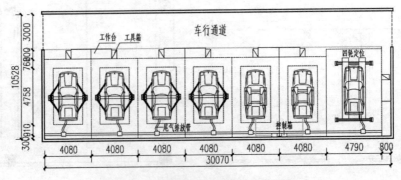

图 4.67　整车实训空间平面布局设计一

整车实训空间平面布局设计二，沿 3m 宽通道两边布置整车工位，搭配休息区，也可作为临时讨论教学区；此类布局空间的独立性强。设计要点：①数据方面：净面积为 321m²，估算结构尺寸，进深宜 ≥18.5m，开间宜 ≥18.2m，柱网建议选择（开间 × 进深）7800×8900；②休息区可用于理论教学，并配备储物柜；③洗手区设置于靠近入口处，便于通风；④适用于框架结构中整车实训空间的布局（图 4.68）。

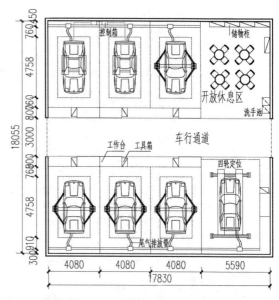

图 4.68　整车实训空间平面布局设计二

4.6.4　总成与整车综合实训空间组成与平面设计

在总成实训中，设备以中小型为主，整车实训中以大型设备为主。实际调研发现，有很多实训室为了提高教学效率，总成实训会搭配上整车进行教学，如上海 JT 职院，将空间划分给各个汽车品牌，再进行总成与整车实训的布局，此时两者处于同一空间。在此对这种综合的实训布局组成内容进行研究。

1. 总成与整车综合实训空间组成内容的确定

结合调研可以发现：总成与整车综合的实训空间中，应设置理论教学区、教师办公室和库房，尾气排放管、整车工也必不可少。此外在这样的综合实训空间，应设置展示空间便于学生学习掌握知识，以及一定的闲置设备存放区便于使用。

2. 总成与整车综合实训空间平面设计

在以上总成与整车独立实训空间总结的基础上，进行空间组合，该类实训空间具备一定的独立性，此处安排满足 40 人的实训空间，实际上是整车满足 40 人，总成也能满足 40 人，即可两个班级 80 人共同教学，提高空间利用率。

满足两个 40 人班级同时实训的整车与总成综合实训空间布局平面布局设计一，以单向车行道串联几个功能区，整车与总成各自可满足 40 人使用；理论教学区兼做休息区；两班之间可转换教学，充分利用各个区域；布局空间独立性强。设计要点：①数据方面：净面积为 540m²，估算结构尺寸，进深 ≥18.5m，开间 ≥31m，柱网建议选择（开间 × 进深）7500×8100；②为适应综合实训教学环境，设置独立教师办公室和库房；③适用于厂房中的实训区布局或教学楼中的独立教室（图 4.69）。

满足两个 40 人班级同时实训的整车与总成综合实训空间平面布局设计二，以 5m 的双向车行道串联几个功能区，整车实训与总成实训分列两侧，分区明确；利用移动黑板教学，理论教学区可作为休息空间。设计要点：①数据方面：净面积为 587m²，估算结构尺寸，进深宜 ≥20.5m，开间宜 ≥30m，柱网建议选择（开间 × 进深）7800×8100；②洗手区设置于临近出入口，远离实训工位；③适用于厂房中的实训区或教学楼中的独立教室、开放教学区（图 4.70）。

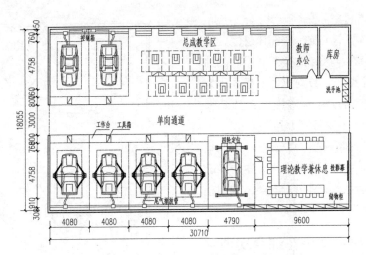

图 4.69　整车与总成综合实训空间平面布局设计一

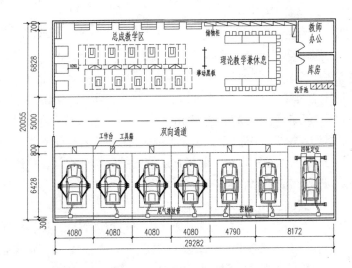

图 4.70　整车与总成综合实训空间平面布局设计二

4.6.5　细部设计要点

1. 设备入口设计

设备出入口有两种情况：一是与使用者共用相同的入口，整体做成坡道式或坡道与台阶结合（图 4.71）；二是另外设置专门的设备入口，此类入口多位于建筑次要位置，只在进行设备运输时才会开启使用。为了便于汽车顺利进入建筑内部，多使用卷帘门，宽度不宜小于3m，入口门宽 1.6m 即可满足设备的进出（图 4.72）。

2. 垂直交通

若是针对汽车类相关专业建造的建筑，会在室内安装大型设备电梯作为垂直运输工具，此时电梯间需要预留足够大的面积，便于汽车周转（图 4.73）；若建筑是后期才将楼上层改为

图 4.71　与使用者共用入口设置

图 4.72　入口位于建筑次要位置

图 4.73　室内安装大型设备运输电梯

图 4.74　室外安装大型举升机器

汽车实训区域，内部又存在重装电梯的不可能性，那么可以在室外、建筑结构层之外重新搭建大型举升机，作为设备垂直运输通道，汽车将被直接输送到实训室中（图 4.74）。

3. 排气装置

这是所有整车教学的空间内部必须具备的设备，负责将汽车尾气由管道输送至室外。据调研测绘数据及访谈，将其固定在纵向梁下 30cm 处，保证连接部分管道可以沿排放管道滑动；距离墙面 40cm，与窗体保持安全距离（图 4.75，图 4.76）。

图 4.75　尾气排放管位置示意

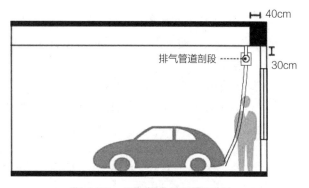

图 4.76　尾气排放管剖面尺寸

4. 走道设计

此处的"走道"包括设备专用的开放式安全通道和由实墙间隔出的走廊。首先是开放式安全通道的设计。国际通行标准将汽车分为：A0、A、B、C、D、E 级车，在长度上，A0：3.5~4m；A：4.0~4.5m；B：4.6~4.8m；C：4.7~5m；D：5.1~5.2m；E：5.3~6.2m。职校中使用车辆宽度也是市场家用轿车常见宽度，集中在 1.5~1.8m 宽，长度主要集中在 B、C 级，根据调研反馈，室内预留汽车单向行驶路径，不宜小于 3m 宽度，若是双向通行，5m 即可；若汽车需要进入楼上，楼上走廊通道净宽度不宜小于 3m（图 4.77~图 4.80）。

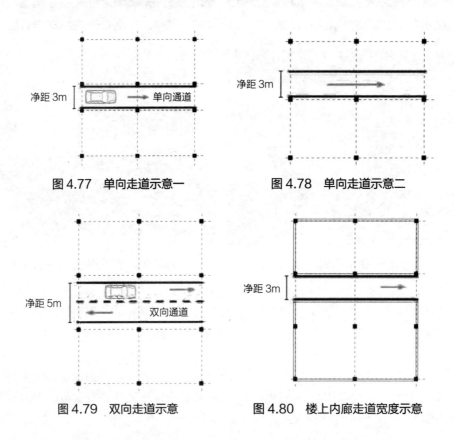

图 4.77　单向走道示意一　　　　　图 4.78　单向走道示意二

图 4.79　双向走道示意　　　　　　图 4.80　楼上内廊走道宽度示意

其次是由实墙间隔出的走廊。多用于连接总成实训室，标准的做法是在其内廊两侧开设一定的玻璃隔断，便于日常教学中领导及其他参观者对实训的观摩与交流。

5. 层高

整车实训中，主要考虑举升机的高度，从调研满意度与对设备尺寸的了解上，4.2m 以上的整车实训高度更为合适；而总成实训室选择普通教室的 3.6m 高度即可满足需求（图 4.81，图 4.82）。

6. 展示

汽车实训空间中的展示设置分为两种：一类是公共的非实训区域的展示，该区域通常位于主入口门厅，可采用展柜、展板等形式，对空间干扰小；一类是位于实训区域中的展示，

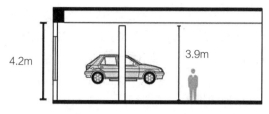

图4.81 整车实训净高度示意

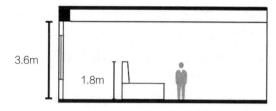

图4.82 总成实训净高度示意

图4.83 入口门厅展示

图4.84 利用隔断展示

图4.85 利用柱网展示

用于安全说明、宣传语、零部件解剖图示等，为了避免对实训的干扰，常利用柱体、墙体、梁柱作为依附，或利用实训区隔段展示（图4.83～图4.85）。

4.7 实训用房利用率及生均指标研究

研究利用率可提高空间使用效率，研究实训用房的生均指标则可为该专业实训空间设计提供参考数值。从调研来看，一方面受各类因素的影响，汽车类专业实训用房在各个时间段的利用情况差距很大，不同的院校对外使用情况也存在差异；另一方面当前规范对实训用房的面积并没有明确要求，而生均指标的参考也局限在大的制造类或工业类专业指标中，缺乏专业匹配性。所以对利用率和生均面积的研究是很有必要的。

4.7.1 生均指标的影响因素

从现行规范的生均指标可以看出，普通高校与高职生均指标十分接近，这不符合高职院校的教学特点。从对比的角度，高职院校汽车类专业的生均指标存在以下影响因素：

（1）学制

普通高校本科学制主要是四年，而高职院校普遍三年制教学，部分五年，学历相对单一，使得两者在学生人数上存在巨大差异，同期使用实训用房的人数也有所不同，采用相同的生均指标明显不妥。

（2）教学侧重点不同

普通高校以理论教学为主，且注重产品设计与研究，对实训本身要求不大，据调研的同济大学汽车学院的学生反映，仅在假期前两周进行集中实训；而高职院校的教学倾向于维修、制造，需要实打实地参与到工位上，因而需要更多的实训内容，在规定上高职院校的实训占比已然很高，虽实际建设不达标，但仍然比普通高校多，这就使得其实训用房课时内使用率高于普通高校，对实训用房面积和数量的要求会有所不同，不适宜采用单一指标。

（3）教学模式

高职院校普遍采用工学交替"2＋1"模式，真正会使用校内实训空间的时间仅在两年中的部分时间，普通高校则是以正常的理论教学为主，教学模式的差异使得两者采用相近的生均指标具有不合理性。

（4）实训用房的类型

对于汽车类专业本身而言，其校内实训分为基础技能实训和专业技能实训，基础技能实训包括钻床、钳工、电焊等，它们只是辅助后期教学的基本技能，但又是机电、机械等专业主要的技能实训，汽车类专业将其安排在一年级教学，和其他制造类专业使用相同的实训用房。而专业技能实训多开设在二年级，与其他专业的实训用房分开，所以从实训用房类型上来说，汽车类专业涉及不同方面，本文研究的专业技能实训用房生均指标需具体考虑到该类专业特征，而不是几类专业不计各自的差异来计算。

（5）招生人数

随着这几年政府政策的鼓励，高职院校招生人数激增，特别是前景很好的汽车类专业，每届的学生数量差异很明显，对此，沿用先前设置的生均指标，给使用上会带来很多问题。

4.7.2 生均指标的调节

调节生均指标需要明确实训面积和使用人数之间的关系，这两个动态的量需要取得一个合理的数值形成生均指标的计算基础。

1. 适宜的面积配置

对调研院校三种分类下的实训用房面积情况进行对比（如图 4.86），发现除了总成实训用房面积区间相对平缓，其他数值高低变化很大，这些数据受现实因素影响太大，无法作为此处研究的基础数据，因此有必要选择一组合适的数据，用来作为三类实训用房生均指标计算的面积参考。

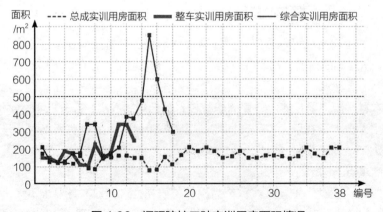

图 4.86　调研院校三种实训用房面积情况

2. 适宜面积的计算

结合 4.6 节对各类实训用房的合理空间模式及平面尺寸，参照面积系数（K 值），对汽车专业生均指标提出一个合适的调整方式，以供设计人员参考。

K 值即使用面积系数，根据《普通高等学校建筑面积指标（1992）》规定，"建筑物中使用面积（S_1）与建筑面积（S_2）之比为其使用面积系数；其中使用面积为建筑面积减去公共交通面积、结构面积（A）等，留下可供使用的面积。建筑面积一般为建筑物（包括墙体）所形成的楼地面面积。"

过去的普通教学楼和技工类教学楼的 K 值多为 60% 以上（表 4.12），但在 2012 年《高等职业学校建设标准》中规定教学实训用房及场所包括的内容及建筑面积指标 K 值按 0.6 计算，这其中的差异包括实训室单个面积比普通教室大，减少了隔墙面积；实训室可开敞使用的特性，使得部分走廊空间变为实训的一部分，减少了公共交通面积。因此造成 K 值比普通教室更大。

我国各类学校教学楼 K 值指标　　　　　　　　　　　　　　　表 4.12

学校	K 值	指标来源	实施时间	备注
普通高校教学楼	65%	普通高等学校建筑面积规划指标	1992 年	不含卫生间使用面积
中等师范学校教学楼	61%	中等师范学校校舍规划面积定额	1992 年	
技工学校教学楼	65%		1992 年	

资料来源：王琰，《普通高校整体化教学楼群优化设计策略研究》

接下来将采用《高等职业学校建设标准（2012）》中 K＝0.6 作为计算标准。

3. 适宜的生均指标参考

$$生均指标＝实训室使用面积 \div K \div 使用人数 \qquad （式 4-1）$$

在实际调研中，单个实训用房使用人数在 30～50 人，而综合类实训用房达到 80～100 人，本次计算中的人数确定，以《2014 年教育部——汽车运用与维修类相关专业设备配置标准》中的 40 人为基本参考，总成与整车综合类实训用房按合理布局中 80 人的设备数量计算，该使用人数与调研中实际情况较为接近。

根据合理布局下的实训室净使用面积，选择 K＝0.6，依次计算出实训室建筑面积、各个用房的生均指标，并以指标平均值作为最终衡量标准（表 4.13）。

各类实训室面积与指标计算　　　　　　　　　　　　　　　表 4.13

名称参数	编号	实训室使用面积（m²）	实训室建筑面积（K＝0.6）	实训室建筑面积参考值（平均值，m²）	使用人数（人）	合理布局生均指标	生均指标参考值（平均值，m²/人）
总成实训室	1	201.7	336.1	341.7	40	8.4	8.6
	2	211	351.7		40	8.8	
	3	211.3	352.2		40	8.8	
	4	243.2	405.3		40	10.1	

名称 参数	编号	实训室 使用面积 （m²）	实训室 建筑面积 （K = 0.6）	实训室建筑 面积参考值 （平均值，m²）	使用人数 （人）	合理布局 生均指标	生均指标参考值 （平均值，m²/人）
总成 实训室	5	195.6	326	341.7	40	8.2	8.6
	6	167.5	279.2		40	7	
整车 实训室	7	316	526.7	530.8	40	13.2	13.3
	8	321	535		40	13.4	
总成与整车 综合实训室	9	540	900	939	80	11.3	11.7
	10	587	978		80	12.2	

从表 4.13 中可以看出，在使用人数为 40 人的情况下，单个总成实训室建筑面积参考值为 341.7m² 较为合适，生均指标平均值为 8.6m²/人；单个整车实训室建筑面积参考值为 530.8m² 较为合适，生均指标平均值为 13.3m²/人；在使用人数为 80 人的情况下，单个综合布置总成与整车实训室建筑面积参考值为 939m² 较为合适，生均指标平均值为 11.7m²/人。

现行规范没有进行实训空间划分，其生均指标不适用于汽车专业。与现行规范的相关数据相比，总成实训室的现状生均指标平均值、理想模式下生均指标值几乎都在规范值之间，而受大型实训设备的影响，整车、总成与整车综合实训室生均指标均高出规范值（图 4.87）。本研究针对汽车专业实训教学的特点提出的生均面积指标，具有专业适应性，可更好地指导该专业的实训空间设计。

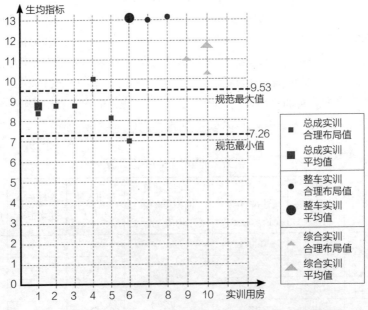

图 4.87　生均指标平均值、合理布局下的生均指标与规范值的对比

4.8　本章小结

　　本章节选取当下发展迅速的汽车类专业的实训空间作为研究对象，分析其实训空间的影响因素，并结合对陕西和上海相关职业技术学院的调研，通过调研问卷和访谈，从汽车类专业实训空间规划布局位置、分类、构成、组织方式等方面进行统计分析，提出高职院校汽车类实训空间的总体布局模式和专业实训用房设计要点。同时对汽车类专业技能实训用房的利用率、生均指标进行研究，提出适合当前建设的面积配置数据。

5 医护类专业实训空间设计研究

5.1 专业概况

护理专业是由南丁格尔创立，在西方医学传入我国后，逐渐演变发展为一门医学学科。20世纪80年代初我国开始兴办中职教育护理专业，并然有序地发展壮大，为社会输出医疗护理人员，目前我国的护理教育形成了以培养专业基础扎实、知识结构合理、业务能力强的综合性高级护理人才的高职教育目标。

根据现代医学模式的要求，护理专业是培养具备人文社科、医学、预防保健知识、护理管理、护理教学和护理科研人才的一门高级技术应用型学科。本专业学生通过学习医学知识和临床护理技能，对社会进行基本护理服务。高职护理专业的主干课程分为公共课和专业课，专业课分为护理课和实践实训课。实训内容包括基础护理实训、健康评估、内科护理实训、外科护理实训、妇产科和儿科护理实训、危重症护理实训、中医护理实训等专业技能训练。

目前我国高职医护类专业校内实训空间主要存在以下问题：

（1）实训空间与岗位职场环境不符，不能满足当前岗位实践技能训练要求。

（2）实训空间布局与新置仪器设备不匹配，不能科学放置。只能在原有的实训中心上改建或扩建，造成不必要的损失。

（3）实训项目与职场任务不对接。实训项目和实践教学由于传统实训中心的条件限制，新的项目难以开设，无法满足高职教育"强化学生实践技能"要求。

5.2 影响因素

5.2.1 医学教育的发展对实训空间提出的要求

医学教育的新形势推动了护理教学的发展进程，高职教育是护理人才培训的主要教育基地，加快高职护理学科建设是符合当下发展的首要任务。专业发展的同时对实训空间提出了新要求，不断完善其建设规模、文化氛围、空间设计模式成了护理教育对设计人员提出的新内容，研究满足使用要求的实训空间，是高职护理专业发展的基本条件。结合医学教育的未来发展趋势，分析医学护理教育对实训空间提出了几点新要求：

（1）实训空间的面积和数量要与日益增长的人才规模相匹配

当前职业院校的建设大多为改建或者合并新建而成，存在面积不足或浪费、空间特性不匹配、功能设计不合理等现象。由于缺少合理的建筑指标指导，对实训空间的认识不足，建成作品或面积不足，或面积浪费。目前建设参照标准是1992年的《普通高等学校建筑规划面积指标》，其对实训面积和数量的规定已经不符合当下的教育规模。紧缺的实训室不能满足学生的实践技能操作，在一定程度上制约了护理教育的培养。

（2）实训空间的功能划分要全面，涵盖各类专科护理项目

医疗事业中需要不同专科的护理人才，保证医疗全面发展。传统医疗教育停留在单科培养，忽视了相同专业的不同发展方向，在就业时，局限性较大，不能灵活地适应社会需求。

护理实训空间的基础建设分为临床实训和基础实训，基础实训建设一般为计算机房和实验教室，对空间环境的洁净度要求较高；护理临床实训室应当具备五大基础内容：基础护理实训室（模拟病房）、妇科儿科护理实训室、人文护理实训室、内科和外科实训室。按护理课程相应设置，培训相应的操作技能（表5.1）。

护理专业实训空间项目表　　　　　　　　表5.1

实训室名称	主要实训项目
妇产科与儿科实训室	产前检查、妇科检查、暖箱的应用、光照疗法
外科实训室	手术人员无菌准备、手术基本操作、换药
内科实训室	一般状态，皮肤、浅表淋巴结评估，头、面、颈部评估，胸廓及肺部评估，心脏评估，异常心脏评估，腹部评估，心电图描记
基础与临床护理实训室	铺床、心肺复苏、鼻饲、口腔护理（模拟病房）等
人文护理实训室	站姿、坐姿、行姿、拾物姿态、持病历夹、托治疗盘、推治疗车

（3）实训空间的仿真性要凸显，加强人文环境的建设

营造出良好的医院环境氛围，使学生置身于仿真环境中学习工作中的任务，从校园抓起提高护士的防患意识。同时提醒着护理人员时刻规范其行为，培养其价值取向、思想动态、道德标准，有利于提高护生的专业素质。在校内实训基地的人文环境建设方面分为三个层面：精神层面，强调护理理念的熏陶；物质层面，强调护理文化在物质载体中的体现；制度层面，注重良好的护理行为和习惯的形成。

（4）实训空间要配备先进的医疗设备，使实践教学与工作环境无缝对接

医学教育中，护生的实践教育最重要，实训空间的教学任务课时安排较多，接触先进医学设备的操作，使得护生在顶岗实习和医院就职的过程中更好地熟悉设备操作，陈旧设备的实践教学已不能与现代先进设备的操作完美结合，在教室里设病房的实践模式，要及时更新医疗设备，跟上时代发展的步伐，提高人才素质。

5.2.2 医疗仪器设备对实践空间提出的要求

1. 护理专业实训项目

高职院校依据护理专业实训教学的任务，选用了优质教材，采用了与职业教育相衔接的专业课程体系，并配合有相应的实训项目设备，使实训教学有序进行。实训教材与汇总如表5.2所示。

护理实训教材与实训项目汇总　　　　　　　　　　　　　　　表5.2

教材	教材名称	实训空间	实训项目	出版社
	《预防医学》	多媒体室	理论知识和检测技术	人民卫生出版社
	《基础护理学》	模拟病房	铺床、治疗车等使用	
	《健康评估》	计算机房	系统评估及心电图描记	
	《内科护理学》	内科实训室	心肺复苏、鼻口腔护理	
	《外科护理学》	外科实训室	手术人员无菌准备	
	《妇产科护理学》	妇产科实训室	产前检查、妇科检查	
	《儿科护理学》	儿科实训室	暖箱的应用、光照疗法	
	《五官科护理学》	外科实训室	头、面、颈部评估	
	《危重症监护》	急诊实训室	手术基本操作、换药	
	《人际沟通》	人文护理实训室	病人和同事相互沟通	
	《护理礼仪》	人文护理实训室	站姿、行姿、拾物姿态	
	《护理心理》	人文护理实训室	患者护理心理指导	上海科学技术出版社
	《营养与膳食》	计算机房	营养学概念和发展史	
	《护理美学》	多媒体室	美学和护理学理论基础	高等教育出版社

2. 护理医用设备及其使用要求

在调研中，对影响空间设计因素的医用设备详细测量并记录，查阅相关医疗资料明确使用要求，将基础资料汇总（表5.3）。除大、中、小型医用设备外，还配有大量的医用耗材。仪器的使用同样关系到空间模式的设计，如洗手池的水、电配备等，根据实训项目内容对空间进行针对性设计，保证实训项目正常操作。

基础医用教学设备信息（注A：规格尺寸，B：使用要求，C：实训项目，单位：mm）

 药品柜	 天轨输液架	 床头柜	 病历夹车
A：900×250×1750 B：阴凉干燥处 C：药物储备	A：1750×800 B：天花板轨道 C：输液实训	A：450×430×720 B：操作空间 C：基础护理	A：325×385×870 B：操作空间 C：基础护理
 器械柜	 氧气机	 储物柜	 带轮输液架
A：900×360×1700 B：阴凉干燥 C：器械储存实训	A：300×560×575 B：电源 C：急救护理	A：900×400×1650 B：阴凉干燥 C：纱布存放实训	A：350×350×1400～2100 B：操作空间 C：基础护理
 侦查床	 治疗车	 医用洗手池	 单摇两折病床
A：2010×900×500 B：操作空间 C：基础护理	A：780×420×860 B：水源 C：基础护理	A：800×600×1800 B：水源，电源 C：前期准备	A：2020×900×500 B：操作空间 C：重症护理
 换药车	平型床	 婴儿病床	产床
A：640×450×800 B：操作空间 C：换药实训	A：2040×900×500 B：操作空间 C：基础护理	A：800×400×900 B：操作空间 C：儿科护理	A：1820×620×750 B：操作空间 C：产科护理

基础医用教学设备信息（注 A：规格尺寸，B：使用要求，C：实训项目，单位：mm）			
	A：长 1900±50 宽 600±20 高 800±20 B：一定操作空间 C：急救护理		A：$\phi 28 \times 24$ B：电源 C：无菌技术
简易手术台		消毒锅	

资料来源：《职业院校护理专业仪器设备装备规范》（JY/T 0457—2014）

5.3　实例调研分析

本研究对以陕西地区为主，深入调研两所特点不同的高职院校，通过对实训空间的布局方式、实训室规模（数量配比，面积及尺度）、空间使用状况等方面进行调研，收集总结数据，以实际状况为基础，展开对高职院校护理专业实训空间的设计模式研究。

5.3.1　西安 YX 高等专科学校

西安 YX 高等专科学校是医药类的一所全日制普通高等专科学校。学校设有临床医学系、药学系、护理系、口腔医学系、成教院、医学技术系、基础医学部、公共教学部等（图 5.1）。

学院东侧为教学区，西侧为附属医院，为学生提供顶岗实习场所，北侧为生活区。教学区有教学楼3栋、实训楼2栋、图书馆及行政楼。

1. 护理系概况

（1）护理专业基本信息

护理系现有高中起点统招三年制大专、初中起点统招五年制大专和成人高等教育三年制大专三种教育类型。护理专业的规模为学校之最，在校生共计8000余名。护理实训基地现有形态实训中心、功能实训中心、护理基本技术实训中心、内科护理实训室、外科护理实训室、儿科护理实训室、妇产科护理实训

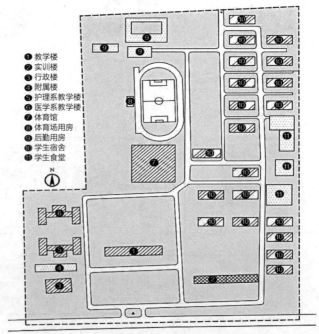

❶ 教学楼
❷ 实训楼
❸ 行政楼
❹ 附属楼
❺ 护理系教学楼
❻ 医学系教学楼
❼ 体育馆
❽ 体育场用房
❾ 后勤用房
❿ 学生宿舍
⓫ 学生食堂

图 5.1　西安 YX 高等专科学校总平面示意图

室等多个实训室，能够满足本专业学生校内实训需要。

（2）实训中心基本信息

医学院实训楼位于校园入口右侧，是由两栋矩形建筑相连对称构成，其中一栋为后期加建。实训楼首层为影像专业实训区，二层及三层、四层为护理实训的空间，五层为护理系的公共服务用房，护理实训分为基础护理区、急救诊断区、示教区、计算机演示区以及无菌操作区。

2. 护理实训楼的建设现状

该校护理实训楼概况如表5.4，图5.2所示。

西安 YX 高等专科学校护理实训楼调研信息汇总　　　　　　　　表5.4

西安 YX 职业学院实训楼	建设时间	结构形式	柱网尺寸	层数	总建筑面积	护理实训面积
	2008 年	框架	9.0m	6 层	14400m²	5953m²
实训楼使用概况	实训楼是 2008 年加建形成，分 A、B 座矩形建筑单体，中间连廊连接，实训用房数量和面积规模较大，容纳全校所有医学专业的实训教学和公共服务					
使用人群	护理系、医学技术系、临床医学系、口腔学、药学系学生及教师办公					
空间布局	楼内走廊双向布置房间，由于实训楼横向过长，走廊内采光较差，楼内无电梯设置，是较为陈旧的建筑空间，无交流空间，周内利用率不高，课程安排较少。教师办公与学生实训分区设置，柱网尺寸布置合理					
建设数量	示教室 4 间，计算机用房 3 间，准备室 3 间，标本室 3 间，模型室 1 间，基护室 26 间，各科技能实训室 14 间					
走廊及房间布置	走廊无标识牌，地面与顶棚无医疗设备，无护士站，人文布置仿真性较差。有护士礼仪形体室，实训功能较为全面，教室有观察窗，环境布置简易					

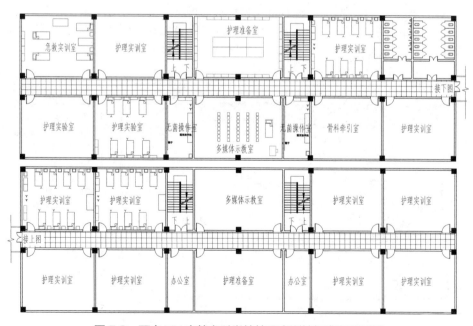

图5.2　西安 YX 高等专科学校护理实训楼标准层平面图

3. 护理实训楼的使用现状

作为一所医药类高职院校，实训中心的建设是学科发展的重点项目，该校实训室的功能种类较为齐全，数量规模也较大，但还存在如下问题：

（1）实训楼利用率不高

实训楼的使用集中在学期中，教学任务的安排较少，由于人数较多，课程较复杂，大多为理论教学，实训教学的课时量较少，实训楼虽面积充足但其使用率不高，同时管理较为封闭，课下实训楼的利用率较低，严格遵守实训上课时间开闭整个实训楼。

（2）缺少护士站等模拟医疗环境

实训楼内布局紧凑，采光也较弱，均为整齐划一的限定空间，没有开放空间供展览、交流。走廊内没有布置医疗警示牌，交通空间也较为局促，因此并没有设置必备的仿真护士站，走廊内无仿真医院的标识，实训教学环境布置不完善。

（3）管理模式较为封闭

实训楼的管理仅在上课时间开放，并且严格把握时间，课余时间全楼封闭，教室也只在课上使用，学生的课后活动范围限于教学楼和生活区、图书馆等，并不能课后练习护理技能，影响教学质量。

（4）实训室数量多而功能配备不全

在 B 座实训楼有数量较多的基护实训室，而没有配备相应的准备间、消毒间和教师休息室等功能，并且处于闲置状态，内部布置较为松散，存在面积浪费，虽有充足的实训技能操作面积，但没有有效使用。

5.3.2　陕西 NY 职业技术学院

陕西 NY 职业技术学院是一所综合性省级示范性高职院校，护理系设有护理、助产两个专业，护理专业是省级重点专业；护理实训基地被陕西省教育厅评为省级实训基地，设备投入 2000 多万元。与陕西省人民医院等 30 余家医院进行校院合作（图 5.3）。

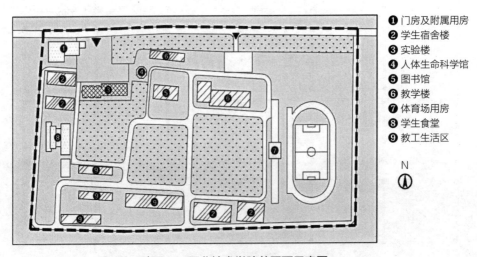

❶ 门房及附属用房
❷ 学生宿舍楼
❸ 实验楼
❹ 人体生命科学馆
❺ 图书馆
❻ 教学楼
❼ 体育场用房
❽ 学生食堂
❾ 教工生活区

N

图 5.3　陕西 NY 职业技术学院总平面示意图

护理专业实训楼是原有卫生学校的医学实训楼，功能设计较符合医学教学特点。护理系开设护理、助产专业，护理专业是省重点；培养从事临床护理、预防保健和社区卫生服务的高技能人才。现有在校生1409人，专任教师20人。设有三年制高职护理专业。

1. 护理实训室的建设现状

实训楼按专业分层使用，地下为尸体存放间，首层为解剖学及医疗美容使用，二层和三层为影像和药学等专业使用，护理实训中心集中在四层和五层，六层为局部活动室，各专业实训既独立又联系（表5.5，图5.4）。该楼现有形态实训中心、护理基本技术实训中心、功能实训中心、外科护理实训室、内科护理实训室、儿科护理实训室、妇产科护理实训室等。

陕西NY职业技术学院护理实训楼建设概况　　　　　　　　　　　表5.5

陕西NY职业学院实训楼	建设时间	结构形式	柱网尺寸	层数	总建筑面积	护理实训面积
	1980年代	砖混	6.3m	6层	5310m²	2100m²
实训楼使用概况	实训楼前身为20世纪80年代成立的中专煤炭卫生学校，是按照医学实训的教学要求建设，符合教学特点，然而年代久远，存在与先进教学模式不符的现象					
使用人群	医学护理系、医学技术系、临床医学系学生及实训中心的教工人员					
空间布局	实训楼呈矩形，单走廊双向布置房间，南段以实训教学、示教、准备室为主，北段以模拟病房为主，两者相连处设置交通、护士站以及开放的交流空间					
建设数量	示教室6间，实训用房10间，模拟病房3间，急救1间，准备室5间，更衣室1间，模拟手术间1间					
走廊及房间布置	走廊内设有模拟扶手、医疗标识牌，室内地面及顶棚均仿真医院设施，护士站为开放的模拟空间，装饰现代化，整体仿真性较高，以利提高护生的防患意识					

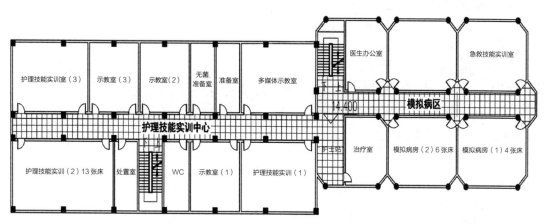

图5.4　陕西NY职业技术学院护理实训楼标准层平面图

2. 护理实训室的使用现状

陕西NY职业技术学院的实训楼在建设时是按照医学院实训功能设计的，相比其他改建的院校实训楼，在功能上更加全面，学科建设较完善，在实训楼的软环境设计方面仿真性也较高，整体设计有其可取之处。但由于砖混结构对空间的限定较严格，开间尺度不大，单元空间内的教学规模小，制约了专业的良性发展。经调研在使用过程中存在以下问题：

（1）单元空间面积不足

砖混结构的柱网尺寸为6.6m，形成了6.6m×6.6m的方形空间，在功能布局上受到限制，使用面积也不满足每个班级40人规模的实训教学，空间限制导致目前先进的医疗设备布置局促。

（2）实训楼面积分配不符合教学要求

实训楼一至三层为医学技术及临床医学的实训空间，四至五层为护理和助产专业的实训空间，在对实训教师访谈过程中得知：基于教学任务安排，一至三层实训空间的使用效率极低，四至五层使用较为频繁，甚至有空间不足的情况，影响教学的正常进行。

（3）缺乏交流空间

实训楼的布局紧凑，教室内仅有教学空间无交流空间，教室外除交通空间无一定面积的交流空间，整体实训楼较为封闭。护生与护生、护生与教师的沟通很重要，交流实训经验是护生教学不同于其他专业的区别所在。

5.3.3 调研院校护理专业实训空间现存问题

护理实训教学空间应具备不同于普通教室的功能和空间要求，调研中五所院校的护理实训室在使用中共同存在以下问题：

1. 规模面积

（1）单元实训空间面积不足，生均配比低。

（2）实训空间数量配比不合理。

2. 空间环境

（1）仿真性较弱。

（2）实训用房实行封闭式管理，降低空间利用率。

（3）人文环境建设不足。

3. 空间特性

（1）空间功能不全，缺乏前期准备区、理论教学区、交流讨论区等区域划分。

（2）空间的物理特性不满足设备使用。如医用器材在使用过程中所需的水、电设备配备不完善，导致医疗设备的闲置。

4. 仪器设备

（1）设备陈旧且数量有限。

（2）仪器设备布局不合理。

实践练习过程中医用设备的操作室保障实践技能训练的基本条件，实训室的设备配置有待完善。

5.4 护理专业实训空间规划布局研究

护理实训空间在校园中的规划布局主要有两种方式：实理结合型、实理分离型。护理实训用房在实训楼中的布局又可分为：分区式、复合式、分层式、水平式、垂直式。其布局特点如表5.6，表5.7所示。

五种布局模式各有利弊，在校园规划建设时，应根据不同的院校建设水平和使用要求合理调配，选择合适的布局模式，有利于教学顺利进行。

护理实训空间在实训楼中的布局模式一　　　　表5.6

模式	实训楼与理论楼合并设置		
	分区式	复合式	分层式
图例			
范例	WN 职业技术学院	YA 职业技术学院	XY 职业技术学院
特点	实践与理论教学功能区域通过连廊联系，功能划分明确，联系较为密切	实践与理论区域结合设计，联系最紧密，是护理专业教学空间最为合理的布局模式	同栋教学楼中层数划分，集中布置实践与理论空间，联系较为紧密
利弊	干扰性小，使用集中方便，联系紧密	使用便捷，但管理存在弊端	专业独立性强，管理方便
建议适用范围	专业化较强，学生规模在1000~2000人，实训项目种类较少，实训与理论需要紧密结合，实训课程安排较多的院校	建筑规模较小，学生规模在1000人左右，护理实训项目少，开设的护理专业培训方向比较单一，如只培养产科护理人员的院校	学生规模在1000人以下，建筑规模小，实训项目少，学科建设目标单一的院校

护理实训空间在实训楼中的布局模式二　　　　表5.7

模式	实训楼与理论楼分开设置	
	水平式	垂直式
图例		
范例	西安 YX 高等专科学校	陕西 NY 职业技术学院医学校区
特点	护理实训空间与其他专业的实训空间按照层数的不同分区使用，管理较为集中	护理实训与其他专业实训在实训楼内垂直集中布置，与外专业交流方便
利弊	使用集中，与理论联系不紧密	人流交叉，干扰性最大
建议适用范围	学生规模在2000人以上，与理论分开设计，实训种类多，外专业的实训干扰较大	学生规模在2000人以上，与理论分开设计，实训种类多，外专业实训干扰较小

5.5 护理专业实训空间构成及其空间模式研究

5.5.1 护理专业实训空间构成

1. 护理专业实训空间的定义

高职院校护理专业的实训空间构成由现行的 JY/T0457—2014《职业院校护理专业仪器设备装备规范》做出相应的定义和指导，体现以人为本的人本理念，具有环境仿真化、设备现代化、教学多媒体化、微机管理网络化、资源共享通用化特点的护理实训中心。实训空间在设计上应适当分区，如有教学区、实训区。前者主要按课程内容导向模式进行设计，后者主要按物质环境模式和工作过程模式设计。根据建设目标和各项实践教学内容的需要，按教育部专业配置要求进行布置。实训中心包括：监控室、多媒体示教室、技能教学室和仪器物品保管室。

2. 护理专业实训空间的分类及特点

（1）实训教学用房构成

教学用房由护理示教室、健康评估室、基础医学形态实训室和基础医学仿真室构成。护理示教室是进入实践用房的前奏，教师临床实践演示，通过现场操作指导学生如何操作，并结合理论教学解释原理，需要用到医用床和多媒体设备。健康评估、基础医学形态实训室和仿真室的教学，以计算机和显微镜的使用为主，要求无尘，并应处于北向处较为合适。

（2）实训实践用房构成

实训实践用房是构成护理实训空间的主要组成用房，有基础护理操作室、模拟手术室、模拟 ICU、急救实训室、心肺复苏室、妇科实训室、产科实训室、儿科实训室、母婴实训室、外科护理实训室、内科护理实训室、无菌技术室、电子仿真病人诊断室、形体训练实训室。内容组成较多，不同高职院校根据开设的护理课程和培养方向，分配不同比例的各科室实训室，但主要是以基础护理实训室、内外科实训室、妇产科实训室为主要的实训空间，使用频率较高，数量较多。因此本文研究对象为主要的实训实践空间（图 5.5）。

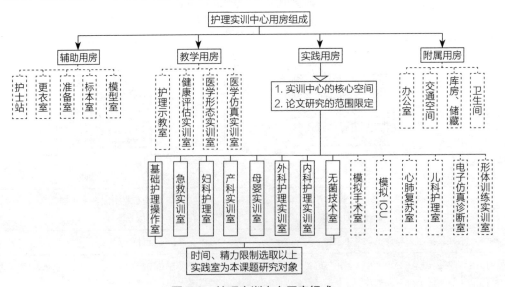

图 5.5 护理实训中心用房组成

（3）实训辅助用房构成

实训辅助用房由护士站、更衣室、准备室、标本室和模型室构成。合理的使用方式是辅助用房与实践用房结合设计，分布在实践用房周围，散点式布置最为合理。护士站一般为开放式布置，作为护理实训空间的开端。更衣室和准备室应布置在每个科室的合理距离内，并方便教师的准备使用。标本室和模型室作用在于存放人体各类标本和模型，以便学生的学习参观，使用频率较低，其对空间物理环境的要求较为严格，应布置在北向通风处。

（4）实训附属用房构成

附属用房包括教师办公室、库房储藏室、卫生间和交通空间。在附属用房的设计方面，除应满足基本的休息、交通和储藏功能外，其人文环境的建设是护理实训空间不同于其他专业的特点之一。在人文环境布置方面要达到满足学生感受医院真实氛围的要求。

经调研，将护理专业实训空间的内容汇总（表5.8）。

护理实训用房组成及空间要求一览表　　　　表5.8

组成		房间名称	特殊要求		设备
护理实训中心教学用房构成	教学用房	护理示教室	"U"形布置座椅为宜		座椅、病床一张、多媒体
		健康评估实训室	避免阳光直射（需北向）		计算机、桌椅
		基础医学形态实训室	避免阳光直射（需北向）		显微镜、计算机、桌椅
		基础医学仿真实训室	避免阳光直射（需北向）		计算机、桌椅
	实践用房	基础护理操作室	配备水池		病床、换药车、器械柜等
		模拟手术室	可与ICU结合设计		手术床、呼吸机、病例柜等
		模拟ICU	可与手术室结合设置		手术床、呼吸机、氧气瓶等
		急救实训室	宜分区	配洗手池、观察窗	抢救仪器、模拟人等
		心肺复苏室	宜设置理论区		医用平板床、器械柜等
		妇科护理室	宜分区		妇科检查床、器械柜等
		产科实训室	不宜开观察窗		产科床、模拟人等
		儿科护理室	装饰宜温馨		儿科护理操作台
		母婴实训室	宜分区		婴儿床、电子秤等
		外科护理实训室	宜分区		模拟上身人体、计算机
		内科护理实训室	避免阳光直射（宜北向）		病床、操作台、洗手池等
		无菌技术室	需北向，顶棚无菌模拟		操作桌、消毒用物等
		电子仿真病人诊断室	避免阳光直射（宜北向）		模拟人、桌椅、计算机等
		形体训练实训室	宜设置准备区域		设置形体栏杆、满墙镜子等
	辅助用房	护士站	可结合走廊或门厅设置		病例柜、呼叫器等
		更衣室	设置洗手池、穿衣镜		衣架、穿衣镜、医用洗手池
		准备室	靠近基护实训室		医用器械柜、器械
		标本室	避免阳光直射（需北向）		标本柜
		模型室	避免阳光直射（需北向）		模型及展示台
	附属用房	库房、储藏	靠近准备室		存放用品及器械
		办公室	与实践教学联系		教室办公及休息
		卫生间	主要使用者为女性		男卫可适当少设置
		交通空间	可考虑结合展示设计		楼梯、走廊、展示、大厅

5.5.2　基护实训空间设计模式研究

1. 基护实训室概述

基护是各科护理的基础，也是病人诊断治疗中不可缺少的环节。临床护理工作中，为病人提供良好的就医环境、生活服务、完成常规治疗等，属于基础护理的范畴。基护实训室即标准模拟病房，配备了医用病床、多功能模型人、医疗器械车、医疗器械柜，同时安装了中心供氧和中心负压吸引装置等，模拟真实医院病房的环境，通过在基护实训室中的教学、实训演示、情景设计、角色扮演等一体化教学，使学生接触现实工作环境，提高护生实践素质。

2. 影响基护实训室空间模式的因素

（1）学生规模

建设初期招生规模的多少直接决定实训室的使用面积和数量，满足教学要求的合理生均指标，是实训空间建设的理论前提。

（2）学科建设方案

不同类别高职的学科建设水平不同，安排的实践课时量有所差异，对实训室的需求量不同，是面积规模建设的初步要求。

（3）设备使用

医疗设备在实训室内的使用，需要相应的操作面积和特殊的水电要求，同时设备的布置方式以及层高要求影响实训室的空间设计。

（4）管理模式

实训室的管理分为开放式和封闭式，开放式方便护生课下练习技能，提高实训室的利用率，避免资源浪费。

（5）建设经费

高职院校起步晚，基本建设、设备添置需要大量的资金，我国职业院校的教育经费短缺仍然是实训基地建设相对落后的间接原因。

3. 基护实训室空间模式研究

（1）基护实训室的使用现状

随着护理专业的大力发展，招生规模的扩大和实训中心的规模不变形成了矛盾。基护实训室作为基础建设，大部分院校的实训空间面积和数量不足，通过改建其他普通教室来解决使用问题，不满足护生的教学需求。

以陕西地区5所开设护理专业的高职院校为例，YA职业技术学院（工科类），基护生均比为0.4；陕西NY职业技术学院（综合类），基护生均比为0.2；XY职业技术学院（综合类），基护生均比为0.07；西安YX高等专科学校（医药类），基护生均比为0.5；WN职业技术学院（综合类），基护生均比为0.1。高职院校中基护实训室的生均配比参差不齐，均存在面积和数量不足等问题。

（2）基护实训室的空间模式现状

护理教育的教学模式在改变，传统基护实训室的空间模式已经不适应先进的医学教育模式对空间的需求。护理实践教学与理论教学不同，需模拟真实的工作环境氛围，提高医患意识。现有的高职基护实训室大多在仓促中建设，并且没有可参考的建筑设计规范，实训教学空间没有得到很好的重视，导致空间使用中由于空间模式与教学要求不适应，造成了资源浪费。基护实训空间模式现状分析如表5.9所示。

（3）基护实训室的现存问题

①实训空间面积和数量不足，生均配比低，制约了实践教学的运行。

②空间功能不全面。缺少准备区、理论教学区、交流讨论区等功能划分。

③操作空间有限，限制了护生的活动范围。实践练习过程中考虑模拟护士、模拟病人的行为活动模式及相关尺寸等，实训室的建设有待完善。

④物理特性不匹配。器材在使用中水、电设备配备不完善，导致设备闲置。

⑤封闭式管理。实训用房实行封闭管理，降低空间利用率，减少练习时间。

调研院校基护实训室空间现状分析 表5.9

调研院校	基护单元尺寸（L×D×H）	单元面积	床位数	使用情况
YA 职业技术学院	8.8m×6.8m×4.2m	约60m²	5张	基护实训室的面积在65m²左右，床位布置在6张床左右，上课分组练习
陕西 NY 职业技术学院	9.0m×7.2m×3.8m	约65m²	6张	
XY 职业技术学院	8.8m×6.8m×4.2m	约60m²	6张	
西安 YX 高等专科学校	9.0m×7.8m×4.2m	约70m²	6张	
WN 职业技术学院	8.4m×7.2m×4.2m	约60m²	6张	
上课模式	每个教室实际平均容纳人数为45人，7~8人一组练习，每人6~8分钟			
五所学校的基护室空间布置分为如右图A、B、C、D四种方式。缺点：1. 设备由于缺少水电的特殊配置，处于闲置状态；2. 图中虚线部分均出现了不同程度的面积浪费；3. 五所学校实训室均没有设置护生准备区，医患意识较弱	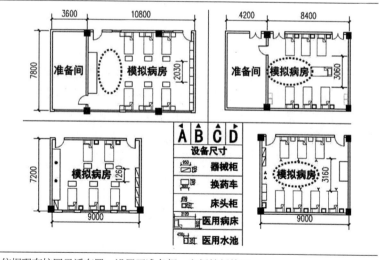			
优点	依据现有柱网灵活布置，设置了准备间，方便教师使用			

4. 基护实训室的方案设计研究

1）基护实训室设计原则

（1）仿真性

参考医院建筑设计的规范布置，合理应用到教学空间中，保证护生在校接触真实的工作环境，提高护理职业意识。

（2）技能性

实践教学重要的是动手操作能力，在空间设计时充分考虑使用者技能操作的范围，满足护生的行为模式操作面积和设备使用要求。

（3）观摩性

在仿真性的基础上设计实训空间时，校内基护室最大的特点是传授技能操作的教学场所，因此教学中的视线观摩是教学空间最基本的设计原则。

2）基护实训室空间设计模式

（1）人数规模

现有实训室平均使用人数 45 人，面积 65m²，生均面积 1.4m²/ 人。依据护理教学的特殊性，学生人数控制在 30 人是比较合理的实训教学规模。人数规模直接关系到实训室面积的大小。

（2）使用者行为

学生在实践操作中，与医院的护士行为模式一致。参考医院护士的行为模式标准可推断出学生的行为面积约为 7.5m²。得出一间 6 张床的基护实训室面积最少为 81.5m²。使用者行为模式是影响实训室规模的关键因素。

（3）设备布局方式

基护室内的设备布置方式不同，学生使用的行为模式必然发生变化，操作面积也会改变，探究合适的设备布局方式可提高实训室的空间利用率。

（4）教学任务安排

不同学校护理专业的学科建设方案不同，直接决定了实训室建设初期的面积规划标准。

3）设计方案

基护实训室的空间模式直接影响使用，适应先进教学模式的实训室空间模式是推进护理教育发展的基础保障。总结现有空间模式缺陷，提出以下改进方案：

（1）初步建议每间基护实训室的面积不小于 80m²，生均基护面积约 2.0m²/ 人。可依据不同学校的护理专业学科建设水平来调整。

（2）基护实训室需设置合理面积的护生前期准备、讨论交流、教学示教等功能区域。前期准备区要配置衣架和镜子，提高护生的医患意识。

（3）仿真医院布置。改变教学病床的摆放方式，增加病床数量，提高利用率。

（4）合理布置设备方向。使护生视线观摩方向和距离得到改善。

（5）建设初期综合考虑设备的完善性。以防出现设备闲置和后期加建等问题。

（6）管理模式宜为开放式。在高职院校面积紧张的现状下，适当地开放实训室可增加学生的课下练习机会，整合资源，避免不必要的浪费。

以基护实训室作为改进案例，进行仿真病房设计，优化空间模式，方便护生使用（表 5.10）。

基护实训空间设计方案	表5.10	
	改进方案	现有空间
图示	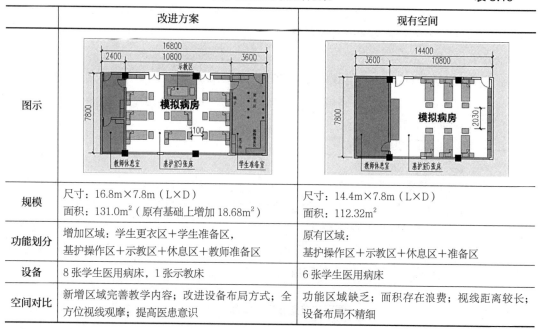	
规模	尺寸：16.8m×7.8m（L×D） 面积：131.0m²（原有基础上增加18.68m²）	尺寸：14.4m×7.8m（L×D） 面积：112.32m²
功能划分	增加区域：学生更衣区+学生准备区， 基护操作区+示教区+休息区+教师准备区	原有区域： 基护操作区+示教区+休息区+准备区
设备	8张学生医用病床，1张示教床	6张学生医用病床
空间对比	新增区域完善教学内容；改进设备布局方式；全方位视线观摩；提高医患意识	功能区域缺乏；面积存在浪费；视线距离较长；设备布局不精细

对高职院校基护室的空间模式研究表明，现有的实训室存在空间模式不合理和生均面积配比不足等问题。合理调整面积，研究适应发展的空间模式是解决问题的必要过程。基护实训室的建设应当秉着仿真性、技能性、观摩性的原则，充分考虑使用者需求来设置功能分区；分析适当的生均配比给出高职院校建筑设计参考依据。设计满足护生使用需求的基础护理空间是保证高职高技能性护理人才培养的前提条件。

5.5.3　急救实训空间模式研究

1. 急救实训空间的分类及概念

急救实训的实践教学空间包括：模拟手术室、模拟ICU室（监测、救治和护理）、急救实训室和心肺复苏室。为培养护理急、危、重患者急救和特别监护人才提供实践教学场所，需要构建综合情景模拟实训体系，采用"护生为主、教师为导、模拟病房为场所"三位一体的实训教学方法，促进专业理论和临床实践的结合。急救实训室配备了抢救病床、心电监护仪、负压吸引装置。床头设有氧气通道、床头铃及照明，并配有洗胃机、呼吸机、抢救车和心肺复苏模具，通过急救技术和理论知识的结合，为学生今后的临床工作打下基础。

2. 影响急救实训空间模式的因素

（1）项目多样性

在急救实训室内进行的实训项目主要有心肺复苏术训练、洗胃、除颤和呼吸机使用等急救项目，按照课程安排进行合理的时间划分，使学生尽可能地全程训练，要求在学生数量一定的情况下，配备相应满足使用的设备数量，项目的多样性间接影响实训空间的面积大小。

（2）设备数量

设备的数量是在满足学生实践使用的基础上确定的，每个设备的使用需要一定的面积，因此设备的数量决定了实训空间的空间容量。

（3）学生规模

不同院校的护理系招生规模和培养目标不同，设计初期了解高职的护理系办学规模，按要求设计匹配的急救实训空间面积和数量，是保证实训实践顺利进行的必要条件，同时避免设计不合理造成面积浪费或加建。

3. 急救实训室空间模式研究

（1）急救实训室的使用现状

急救实训空间是集教学、培训、社会服务等功能为一体的教学环境。为学生提供模拟仿真医护职业环境，强化职业素养训练，要求仪器设备先进，管理科学规范。急救实训空间建设在高职教育中由原来的单纯理论教学转变为理实一体化教学。在调研中总结发现，急救实训空间各个科室在不同院校的建设程度不同，部分学校没有急救实训室的设置，仍然停留在单纯的理论教学中，限制了实践教学的质量（表5.11）。

调研院校急救实训室建设程度　　　　　　　　表5.11

名称	YA 高职	陕西 NY 高职	XY 职校	WN 高职	西安 YX 高职
模拟手术室	×	√	√	√	×
模拟 ICU	×	√	√	√	√
急危重症室	×	√	√	√	√
心肺复苏室	×	√	×	√	×

以调研的五所高职院校为例，YA 职业技术学院（工科类），无急救实训空间；陕西 NY 职业技术学院（综合类），急救生均比 0.14；XY 职业技术学院（综合类），急救生均比 0.08；西安 YX 高等专科学校（医药类），急救生均比 0.1；WN 职业技术学院（综合类），急救生均比 0.14。高职院校中基护实训室的生均配比基本在 0.1 左右，部分院校没有设置急救实训空间，不符合护生培养的教学要求。应有标准来规范高职护理专业实训空间的建设。

（2）急救实训室的空间模式现状

急救实训空间满足了高职学生在急危重症护理的实践学习，在调研中仍有部分院校停留在理论教学中，没有把实践操作运用到实际工作中，对急救实训课程的开设相对落后，同时由于没有相应的标准来规范急救空间的建设，导致在使用过程中出现了利用率低和建设不全面等问题。

对调研院校进行了空间模式的分析（表5.12）：急救实训室的空间较小，室内布置较空旷，存在一定的面积浪费问题，需进一步完善急救实训空间设计。

调研院校	急救单元尺寸（L×D×H）	单元面积	个数	使用情况
YA 职业技术学院	无	无	无	面积在 60~85m^2 之间，每床位面积宜 20m^2。急救室内医用设备占据大量使用面积
陕西 NY 职业技术学院	8.8m×6.8m×3.8m	约 60m^2	3 间	
XY 职业技术学院	7.8m×10.8m×4.2m	约 84m^2	3 间	
西安 YX 高等专科学校	9.0m×7.2m×4.2m	约 65m^2	5 间	
WN 职业技术学院	8.4m×7.2m×4.2m	约 60m^2	8 间	
上课模式	平均容纳人数为 45 人，首先由教师示范。4~5 种医用设备轮流分组练习，每人不超过两分钟，部分学生在有限的时间内没有充分熟悉			
五所学校的急救实训空间布置如右图所示： 缺点： 1.调研中依据人数使用情况，空间面积和设备数量布置不足； 2.图中虚线部分均有不同程度的浪费； 3.五所学校急救实训各个科室的配备不完善，且使用率低	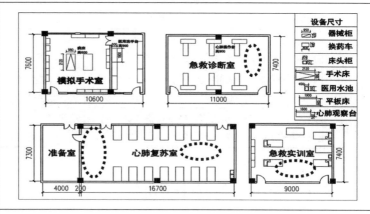			
优点	设备布置不固定，空间布局灵活，空间较开敞			

4. 急救实训室方案设计研究

1）设计原则

（1）共享性

急救实训空间设计中包含急救诊断、重症监护、模拟手术室等，在不浪费使用面积前提下，功能整合，加强共享性，优化区域划分，提高使用率。

（2）高效性

在高职教育资源紧张的状况下，提高各个空间使用的效率，是建筑设计人员需要研究的内容，做到精细化设计。

（3）规范性

在设计前期需要秉承一定的设计标准来规范建筑设计方向，规范高职院校的急救空间建设标准，方便学生的使用和教室的利用，提高教学质量。

2）设计方案

对高职急救空间模式研究表明，现有急救实训室建设程度不同，部分高职院校没有设置相应空间满足急救教学。结合现状使用和设备布置情况合理调整面积。坚持共享性、高效性、规范性原则，联系人体工程学行为模式，细化功能分区。研究出适应高职急救实训室的设计模式，推进急救实践教学发展，完善护理教育（表 5.13）。

	改进方案	现有空间
图示		
规模	尺寸：10.6m×7.6m（L×D） 面积：80m²（与原有面积保持不变）	尺寸：10.6m×7.6m（L×D） 面积：80m²
功能划分	增加区域：重症监护区＋学生更衣区； 操作区＋示教区＋洗手区＋监护区＋更衣区	原有区域： 急救操作区＋示教区＋洗手区
设备	2张急救病床、1张重症监护床、衣架、洗手池、器械柜、呼吸机、心电仪、操作台	2张急救病床、洗手池、器械柜、呼吸机、心电仪、操作台
对比	增加重症监护区、更衣区，完善功能区域；调节设备布置方式，减少面积浪费	功能区域缺乏；设备布局不合理造成使用面积浪费；缺少前期学生准备区

5.5.4 妇产科实训空间模式研究

1. 妇产科实训空间的分类及概念

妇产科护理属于临床学科，必须通过临床训练并保证临床实践才能培养出合格的护理人才。实训室有产科实训室、妇科实训室等，其中妇科和儿科实训室可整合为母婴实训室，节约建设资源。配备的模型有宫内发育示教模型、胚胎发育示教模型、妇科检查实训模型等，供示教和学生练习操作，掌握妇产科基础知识。

2. 影响妇产科实训空间模式的因素

影响妇产科实训室空间设计的主要因素有三点：

（1）课程安排

妇产科实训空间主要提供《妇产科护理学》实践场所，通过课程学时数配置一定数量满足教师和学生使用的实训室是设计初期关注的问题。

（2）实训项目

妇产科的实训项目种类较多差异较大，如母婴护理室需满足水电的使用，设置水池和插座，方便婴儿洗澡和放入保温箱的教学项目进行。

（3）学生规模

上课学生的规模直接决定了实训空间设计的空间容量大小。

3. 妇产科实训室空间模式研究

（1）妇产科实训室的使用现状

实训是妇产科护理教学的首要环节，是对护生进行妇产专科护理技术操作与实践培养的有效方式，妇产科护理实训基地不仅是校内实践的重要组成部分，还是专业课实践教学的核心。

调研发现，实训室的使用率较低，课程安排较少，实训项目设置院校差别较大，存在一定程度的面积浪费。设备配置方面，需有多媒体视频来教学，实训空间内没有多媒体设备，导致实训空间内无法进行相应的理论教学，缺少理论区域（表5.14）。

调研院校妇产科实训室建设程度　　　　　　　　　　　表5.14

名称	YA 高职	陕西 NY 高职	XY 职校	WN 高职	西安 YX 高职
妇科实训室	×	√	√	√	√
产科实训室	×	√	×	√	√
儿科实训室	×	√	√	√	√
母婴实训室	√	×	√	√	×

（2）妇产科实训室的空间模式现状

妇产科是一门专业性、技术性、操作性及实用性很强的临床学科，通过实习应用所学理论知识指导临床实践。各院校对妇产科护理的教学模式不同，有的依靠理论教学，没有实践操作，学生对理论学习没有感性认识，影响学生对妇产护理的学习兴趣，知识掌握不牢固，妇产科实训室建设处于起步阶段，有待完善（表5.15）。

调研院校妇产科实训室空间现状分析　　　　　　　　　表5.15

调研院校	妇产单元尺寸（L×D×H）	单元面积	个数	使用情况
YA 职业技术学院	9.0m×6.96m×4.2m	约62m²	1间	模型示教，分组练习，4~6名学生一组，循环播放课件，针对学生操作问题进行指正
陕西 NY 职业技术学院	8.8m×6.8m×3.8m	约60m²	5间	
XY 职业技术学院	14.4m×7.8m×4.2m	约112m²	2间	
西安 YX 高等专科学校	9.0m×7.2m×4.2m	约65m²	4间	
WN 职业技术学院	8.4m×7.2m×4.2m	约60m²	6间	
上课模式	平均容纳人数为 45 人，由教师示范，学生分组练习，教师监督指导			
五所学校妇产科实训空间布置如右图所示： 缺点： 1. 调研中依据人数使用情况，空间数量和种类布置不足； 2. 图中虚线部分均有不同程度面积浪费，布置不合理； 3. 妇产实践安排较少，空间使用率低	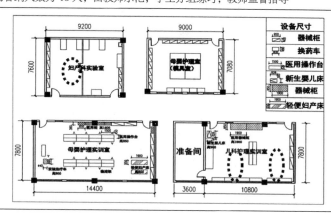			
优点	设备较先进，部分院校整合资源建设了母婴护理实训室			

4. 妇产科实训室设计研究

1）设计原则

（1）实用性

利用有限资源，节约资金，尽可能使实训室建设有较强的适用性，提供先进设备适合实训教学，实训操作更贴近医院实际操作，更适应现代医学技术的发展要求。

（2）网络化

充分利用现代教学手段，采用多媒体教学。用网络技术手段收集一些案例、动画、视频等临床新技术，不断地充实实训教学的资源。

（3）资源整合

妇产科实训在整个护理系实训教学中的比例相对较小，合理地配备妇产科实训建设，节约资源。在建筑设计时，妇科实训室和儿科实训室可结合设计，使教学具有连贯性，并做到资源整合利用。

2）设计方案

在妇产科护理的校内实训环境建设中，其设备配备对技能训练起关键作用，是培养护生创新思维和能力的重要场所。妇产科实训空间的建设较为复杂，空间承担的实训项目较多，在学时较少的情况下，建设数量不多，实训项目较多的实训空间是其建设的难点（表5.16，表5.17）。

妇产科实训空间优化方案一　　　　　　　　　　　　表5.16

	改进方案1	现有空间1
图示	妇产科实验室	妇产科实验室
规模	尺寸：9.2m×7.6m（L×D） 面积：70m²（与原有面积保持不变）	尺寸：9.2m×7.6m（L×D） 面积：70m²
功能区	增加区域：示教区＋学生更衣区＋多媒体区，示教区＋学生更衣区＋多媒体区＋妇产科操作区＋洗手区	原有区域： 妇产科操作区＋洗手区
设备	8张轻便妇产床、1套多媒体设备、衣架6个、洗手池、器械柜、治疗车、储物柜	4张轻便妇产床、洗手池、器械柜、呼吸治疗车
对比	增加理论教学区和示教区、更衣区，完善功能区域；调节设备布置方式	功能区域缺乏；设备布局不合理造成使用面积浪费；缺少前期学生准备区

	改进方案2	现有空间2
规模	尺寸：14.4m×7.8m（L×D） 面积：112m²（与原有面积保持不变）	尺寸：14.4m×7.8m（L×D） 面积：112m²
图示		
功能区	增加区域：教师准备＋教师休息＋多媒体， 妇产科操作＋教师准备＋教师休息＋多媒体	原有区域：妇产科操作区
设备	16张操作台、1套多媒体设备、衣架、器械柜、治疗车、储物柜	16张操作台、衣架、器械柜、治疗车、储物柜
对比	增加理论教学区和示教区、教师休息和准备区，完善功能；合理利用面积	功能区域缺乏；空间划分较单一，面积浪费较多，缺少理论教学设备

5.5.5 高职护理专业内、外科实训空间模式研究

1. 内、外科实训空间的分类及概念

内科护理是一门综合性很强的学科，要求学生不但有扎实的医学理论知识，还要有较强的动手操作能力。内科护理的技能操作应用范围较广，包括：胸腔穿刺术、腹腔穿刺术、人工呼吸机的使用护理、体检、常见症状及体征的护理等。高职护理专业的实训空间有内科实训室和电子仿真实验室，使用较为频繁。

外科护理学是一门实践性很强的学科，实训课是护生掌握外科护理技术操作的主要途径，培养临床后动手能力，适应临床外科护理工作。实训项目主要是手术配合、无菌技术、器械台管理三项基本技术。主要的实训室有外科实训室、无菌操作室。

2. 影响内、外科实训空间模式的因素

（1）无菌要求

在内、外科实训室的建设中，无菌是空间正常使用的基本原则，其空间具有高度的仿真性，设备的配置，天花板采用紫外线的杀菌照射，缩短了内、外科实训设备的使用年限，同时也对学生进行了无菌意识的教育。

（2）教学安排

不同类别院校的学科建设水平和培养目标不同，对内、外科的课程安排差别较大，根据院校的培养目标建设数量和规模匹配的实训空间，是建筑设计人员前期需要明确的指标参考。

（3）设备配置

实训空间内设备配置是实训功能实现的重要保证。根据实训室内设备的引进来合理设计

空间的尺寸，方便后期设备的使用和教学的顺利进行。

（4）学生规模

上课学生的数量直接决定单个空间容量大小。

3. 内、外科实训室空间模式研究

（1）内、外科实训室的使用现状

内、外科的护理教学在实训项目中是较为频繁的实训课程，仅次于基础护理实训教学，建设符合使用的实训空间是高职院校中的重点。调研发现其实训课时少，阻碍内、外科护理教育发展，多数学校实行封闭式的管理，影响学生课后训练，减少了护生自主练习、独立思考、自由发挥的课后实践机会。

（2）内、外科实训室的空间模式现状

内、外科是实训项目广泛的临床学科，通过实训项目的训练来培养内、外科护理专业技能。调研中发现，内、外科实训室的建设不标准，数量不足，空间内没有采用无菌技术，实训室是在普通教室的基础上改建成内、外科实训室，空间特性不匹配。内、外科实训室的设备较为简单。无菌操作室并无准备室的设置，在使用中学生无更衣消毒空间的前序准备，对实训室内的设备存在污染的可能性。在内科实训室的建设中，部分院校没有配备电子仿真设备，在内科实训教学中存在缺陷（表 5.18）。

调研院校内、外科实训室空间现状分析　　　　　　　　　　　　　表 5.18

调研院校	内、外科单元尺寸（L×D×H）	单元面积	个数	使用情况
YA 职业技术学院	9.0m×7.08m×4.2m	约 64m²	3 间	教师通过计算机示范，学生 1～2 名一组进行练习，自主性较强，操作范围较小，主要为设备监听
陕西 NY 职业技术学院	12.6m×6.8m×3.8m	约 87m²	2 间	
XY 职业技术学院	10.8m×7.8m×4.2m	约 84m²	2 间	
西安 YX 高等专科学校	9.0m×7.2m×4.2m	约 65m²	4 间	
WN 职业技术学院	8.4m×7.2m×4.2m	约 60m²	10 间	
上课模式	平均容纳人数为 45 人，由教师示范，学生分组练习			
五所学校内、外科实训空间布置如右图所示。 缺点： 1. 调研中依据人数使用情况，空间数量不足，布置不合理，使用中存在面积浪费； 2. 图中虚线部分均存在不同程度的面积浪费； 3. 五所学校内、外科实践空间的类别配置不全面	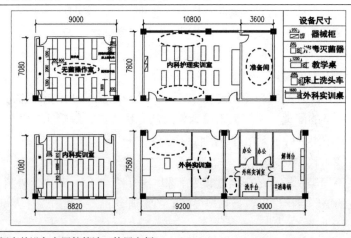			
优点	空间内的设备布置较简洁，使用方便			

4. 内、外科实训室设计研究

1）设计原则

（1）实用性

内、外科护理的教学沿用传统方式，与临床不匹配，在建设中要充分体现实训操作实用性原则，提供合理的实训基地。

（2）规范性

课时数安排要符合教学要求，设备条件要完善，加强对内、外科护理操作的认识，规范实训室建设标准，明确建设目标，避免造成临床重复教学。

（3）仿真性

在内、外科的护理实训教育中，对内、外科模型和计算机诊断模拟的培训项目是需要重点掌握的内容，营造实训空间的仿真性，不仅提高了空间使用的积极作用，同时增强了学生的职业护理意识。

（4）灵活性

医疗发展迅速，医学的教学模式应具有灵活性以应对不断变化的科技进步。空间布局设计中应当考虑后期发展，为灵活性的布局模式留有余地。

2）设计方案

内、外科实训室的使用较为频繁，在护理技能培训中占有较多学时，高职院校对内、外科实训空间的建设不足，使用频率较高，还存在将内、外科实训室临时作基护空间使用，已解决基护空间数量不足的问题，影响护理教学的质量。通过调研发现现存的问题，对其进行空间布局的改进，寻求解决问题的方法，用建筑设计的思路进行方案优化，为下一步的深入研究空间模式设计标准作参考（表5.19，表5.20）。

内、外科实训空间优化方案一 　　　　　　　　　表5.19

	改进方案1	现有空间1
规模	尺寸：14.4m×7.8m（L×D） 面积：112m²（与原有面积保持不变）	尺寸：14.4m×7.8m（L×D） 面积：112m²
功能区	增加区域：学生更衣区+洗手区+储藏区，示教区+实践区+学生更衣区+洗手区+储藏区	原有区域：示教区+实践区+准备间
图示		
设备	15张实验桌、6个器械柜、衣架7个、洗手池2个、储物柜	10张实验桌、器械柜、储物柜
对比	增加准备间和储藏功能，完善功能区域	功能区域缺乏；缺少前期学生准备区

	改进方案 2	现有空间 2
图示		
规模	尺寸：9.0m×7.4m（L×D） 面积：64m²（与原有面积保持不变）	尺寸：9.0m×7.4m（L×D） 面积：64m²
功能区	增加区域：前期准备＋操作区域， 办公区＋前期准备区＋操作区＋解剖区	原有区域： 办公区＋解剖区
设备	衣架、医用洗手池、操作台、器械柜、解剖台、储物柜	医用洗手池、操作台、器械柜、解剖台
对比	增加前期准备区域，扩大了实训操作区域，使功能区域划分明确细致	功能区域划分较单一，存在交叉使用，主要使用区域面积不足

5.5.6　高职护理专业实训人文环境空间研究

1. 人文环境空间的分类及概念

护理实训空间的建设中还应包含相匹配的软环境建设，即护理人文环境建设，包括形体训练室、护士站和营造护理教育的软环境建设。

（1）形体实训室

形体实训室是护生培养护士形象的起点空间，行走、微笑，做到基本护理礼仪，护理礼仪是指护理人员为服务对象提供护理服务时应该遵守的行为规范。

（2）护士站

护士站一般结合在大厅或者走廊设计，配有病历架、呼叫器等基本设备，供学生实训联系，并时刻提醒护生的一言一行，营造护理实训中心医疗氛围。

（3）基础标识

实训中心空间内应布置软环境的标识，公告栏、名人传记栏、护理基础知识宣传栏以及墙挂人体构造图纸等来渲染氛围，培养职业素质。

护士职业素养已成为当前护理教育中急需解决的问题，是临床护理工作的内在品质和灵魂，在建设实训中心时，人文环境同样值得重视。

2. 人文环境建设要点

护理实训空间的人文环境建设应注意以下几点：①护士站应当每层一个，规模与实训中心的面积相匹配，设备配置需全面；②走廊内部悬挂医院标识牌、护理基本常识，设计初期应当为其留有位置；③形体训练室的面积应当满足 45～50 人上课的标准，配有标准的栏杆和穿衣镜，以提高教学质量，形体实训室的使用频率较低，但必须要有，数量可以一个实训中心配置一个形体实训室，全面发展；④走廊的仿真性要重视，模拟医院的真实环境如走廊内的栏杆设置，地面铺设以及顶棚的装修等，仿真医院真实环境。

具体各类实训空间设计要点包括空间尺寸、所用设备、空间内容等，如表 5.21 所示。

护理实训人文环境建设空间模式分析 表 5.21

名称	图示	设计要点	
形体训练室		空间尺寸	9.0m（L）×7.2m（D）×4.2m（H）
		设备	镜子、栏杆、器械柜、治疗车
		功能	学生在形体室内练习护士基本礼仪和形象，如行走、微笑、穿着、坐姿、护理姿势和基本的礼貌用语学习等，课时相对较少
护士站		空间尺寸	10.8m（L）×3.9m（D）×4.2m（H）
		设备	计算机、呼叫器、指示牌、病历
		功能	与医院的规模相比较小，但是设备配置很全，为开放式设计，提供护生的接待病人，提供护理信息和处理护理项目等服务的训练，提高护理意识
走廊环境布置		空间尺寸	50.0m（L）×2.6m（D）×4.2m（H）
		设备	墙挂、宣传栏、"肃静"等字样
		功能	走廊布置人体构造图、基本规章制度宣传图等墙挂，营造出医院的环境，具有高度仿真性，时刻提醒着学生和教师的医患意识
空间内软环境布置		空间尺寸	各个功能空间和走廊大厅内
		设备	墙挂、宣传栏、铭牌等
		功能	护理实训中心功能空间和走廊内布置护理知识的宣传栏，软环境的建设为护生的礼仪和自身的医患意识有显著的提升作用

5.6 护理专业实训室面积配置研究

5.6.1 实训用房的面积及平面布局

实训用房面积的确定是设计中的重要问题。统计调研院校的现状面积（表 5.22），结合人体工程学的尺寸和空间的设备布置确定单元活动尺寸，形成各实训用房适宜的面积配置。

调研院校各实训空间面积汇总表　　　　　　　　　　　　　　表5.22

学校名称	基护室面积	急救室面积	妇产室面积	内、外科面积	人文面积
YA 高职	$60m^2×3$ 间	—	$62m^2×1$ 间	$64m^2×3$ 间	$64m^2$
陕西 NY 高职	$65m^2×5$ 间	$60m^2×3$ 间	$60m^2×5$ 间	$87m^2×2$ 间	$38m^2$
XY 高职	$60m^2×3$ 间	$84m^2×3$ 间	$112m^2×2$ 间	$84m^2×2$ 间	$47m^2$
XA 医专	$70m^2×27$ 间	$65m^2×5$ 间	$65m^2×4$ 间	$65m^2×4$ 间	$65m^2$
WN 高职	$60m^2×5$ 间	$60m^2×8$ 间	$60m^2×6$ 间	$60m^2×10$ 间	$67m^2$

护理专业实训室的单元面积建设离不开班级人数、布局方式、设备尺寸、学生和教师操作范围的综合考虑，在确定实训室的合理建设面积前需要对实训内的以上基本尺寸做深入了解，班级人数确定 45 人为标准班额，布局方式为常见的垂直式教学布局方式。

1. 实训用房面积计算影响因素

（1）班级人数

实训室的面积与班级人数密切相关。高职护理专业的一般班级容量在 45～50 人之间，少数达到 60～80 人。在实训教学中一个实训室配备 1～2 名双师型教师，学生的数量多于 50 人时，必须分成 2 个教室进行教学，否则难以完成技能训练任务。每个学生都有一定的操作面积，所以班级的人数直接决定可实训空间的面积大小。本文在研究时，取 45 人为一个标准班级的容量。

（2）设备配置

护理专业的实训经上文介绍可知分为四大块实训教学，每块实训教学采用的设备区别较大，各种设备的尺寸和使用要求均不同，因此，设备配置是确定实训空间面积大小和长宽方比例的关键因素。

（3）布局方式

实训室内设备的布置方式、设备的规格尺寸和学生的操作范围等决定了实训室的布局方式。不同的布局方式不同程度地影响着实训室的面积大小。在调研中发现，相同面积的空间，不同的布局方式所容纳的学生数量不同，利用率也不同，因此，合理的布局方式影响了实训空间的面积配置。

2. 基护实训空间面积配置

护理实训室的建设原则是高度仿真性，教学空间的建设应当基于成熟的医院建设标准来规范实训空间，根据高职教育的特点来适当调整，提高实践教学质量。

《综合医院建筑设计规范》中对护理病房的设计作了详细规定："第 3.4.4 条。病房：一、病床的排列应平行于采光窗墙面。单排一般不超过 3 床，特殊情况不得超过 4 床；双排一般不超过 6 床，特殊情况不得超过 8 床。二、平行二床的净距不应小于 0.80m，靠墙病床床沿同墙面的净距不应小于 0.60m。三、单排病床通道净宽不应小于 1.10m，双排病床（床端）通道净宽不应小于 1.40m。四、病房门应直接开向走道，不应通过其他用房进入病房。五、重点护理病房宜靠近护士室，不宜超过 4 床；重病房宜近护士室，不得超过 2 床。六、病房门净宽不得小于 1.10m，门扇应设观察窗。"分析上述数据，结合教学讲授行为模式方式，绘制护理模拟病房合理的设备布置和尺寸如图 5.6 所示。

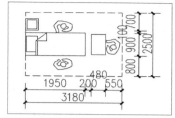

设备：成人病床 1 张、床头柜 1 个、治疗车 1 个；

实训项目：铺床、心肺复苏等临床综合护理能力；

教学模式：教师示教 15～30 分钟，学生自行操作，教师辅导；

使用人数：4～6 人一组，依教学项目定。

图 5.6　基护单元布置

利用合理计算基护空间内每个操作单元的面积，及其设备布局方式，得出以空间总面积的方式来控制面积大小及设备布置。

根据调研可知：在基护教学中，学生分组模拟训练，一组构成一个行为护理单元，每组分为若干小组，以小组为单位演练，一次演练 1 名学生，每次演练时间为 6～8 分钟。理论演示占 15～30 分钟，两个课时为一次基护实训课，实训时间为 60～75 分钟，因此，每个床位在配备 4～5 人一组时，每个人的演练次数是 2 次。通过对护理单元设备布置、人体行为活动尺寸、学生人数等，可形成基护实训室的平行式布置（图 5.7）和垂直式布置的适宜平面模式与尺寸（图 5.8）。

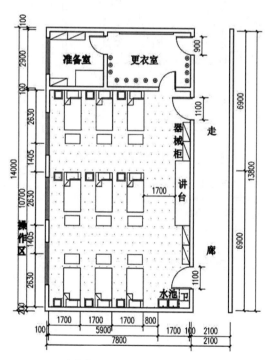

床位数：9 张　容纳人数：45 人

短边计算：操作区＋理论区＝（1700×3＋800mm）
　　　　　　＋1700mm

长边计算：操作区 ×3＋走道准备区＋准备区＝
　　　　　　（2630mm×3＋1405mm×2）＋2900mm

使用面积：实训区＋准备区＝81m²＋20m²＝101m²

优势：视线均好性

图 5.7　基护实训室平面布局一

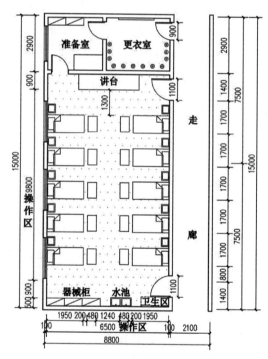

床位数：10 张　容纳人数：40～50 人

短边计算：（1950mm＋680mm）×2＋≥1100mm
　　　　　　（成人床＋治疗车）×2＋走道

长边计算：2900mm＋≥1100mm＋（1700×
　　　　　　5mm＋800mm）＋≥1100mm＋400mm

准备区＋理论区＋操作区 ×5＋走道＋储物

使用面积：实训区＋准备区＝77m²＋18m²＝95m²

优势：节约面积

图 5.8　基护实训室平面布局二

3. 急救实训空间面积配置

结合急救实训的讲授行为模式，可形成一个急救单元的适宜平面布置（图5.9）。

根据调研：在急救教学中，学生分组模拟训练，一组构成一个行为急救单元，以小组为单位演练，每组有4~6个演练项目，一个轮回需要8~12分钟。理论演示占15~30分钟，实训时间为60~75分钟，因此，每个床位在配备6~10人一组时，每个人的演练次数是2~3次。通过急救用房内单元设备布置、人体行为活动尺寸、学生人数等，可形成急救操作的适宜平面布置与尺寸（图5.10）。

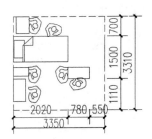

设备：急救病床1张、设备2台、药品车1个；
实训项目：设备操作、药品器械递拿、清洗器械等急救护理工作；
教学模式：教师示教15~30分钟，
学生自行操作，教师辅导；
使用人数：6~10人一组，依据教学项目而定。

图5.9 急救单元布置

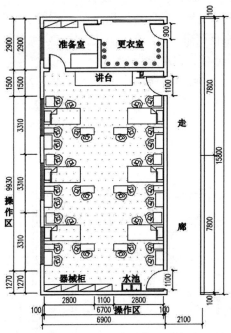

床位数：6张 容纳人数：45~50人
短边计算：操作区＋走道＝2800mm×2＋1100mm
长边计算：操作区×3＋理论区＋储物区＋准备区＝
3310mm×3＋1500mm＋1270mm＋2900mm
使用面积：实训区＋准备区＝84m²＋18m²＝102m²

图5.10 急救实训室平面布局

4. 妇产科实训空间面积计算

结合妇产科实践行为模式，绘制护理妇产科用房设备布置和尺寸（图5.11，图5.12）。

妇产科实训室的实训项目将妇科和产科结合在同一空间内，配合训练，节约面积。教学模式是：教师示教30分钟，学生分组训练，同时进行5个实训项目，10人一组，60分钟内每人可训练2次。

5. 内、外科实训空间面积计算

内、外科护理教育是一门综合性的学科，要求学生有医学理论知识的同时具有实践动手能力，高职教育中通过优选实训项目培训所需的护理人才，加强实训室建设是人才培养的基础（表5.23，图5.13，图5.14）。

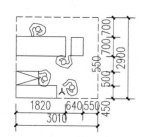

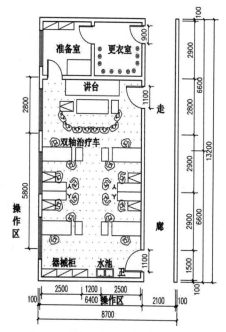

设备：轻便妇产科床 1 张、治疗车 1 个、
新生婴儿床 1 张、输液架 1 个、操作台 1 个；
实训项目：妇科检查、接生、换药、
婴儿护理和洗澡等妇产科护理项目；
教学模式：教师示教 30 分钟，学生练习；
使用人数：4～6 人一组。

图 5.11　妇产科单元布置

床位数：4 张　容纳人数：40～45 人
短边计算：操作区＋走道＝2500mm×2＋1200mm
长边计算：操作区 ×3＋理论区＋储物区＋准备区＝
2900mm×2＋2800mm＋1500mm＋2900mm
使用面积：实训区＋准备区＝61m²＋17m²＝78m²

图 5.12　妇产科实训室平面布局

　　无菌技术是预防感染的一项基本措施，是护士必须掌握的基本技能。具有无菌的意识，掌握无菌技术，保证病人和自身安全。无菌操作室是与内、外科实训用房配套使用的空间，它的设计位置要临近内、外科的用房，方便使用，联系要紧密（图 5.15）。

内、外科护理单元设备布置及尺寸表　　　　　　　　　　　表 5.23

内科单元布置	计算机 内科模型 操作桌 走道	教学内容 设备：操作桌 1 张、计算机 1 台、内科人体模型 1 个； 实训项目：血糖监测、胸腔穿刺、护理体检、常见症状及体征的护理工作； 教学模式：教师示教 30 分钟，学生自行操作，教师辅导； 使用人数：2 人一组，轮流使用
外科单元布置		教学内容 设备：简便手术床 1 张、器械台 2 个、消毒锅 4 个； 实训项目：无菌操作、手术配合、器械台的管理工作； 教学模式：教师示教 45 分钟，学生自行操作，教师辅导； 使用人数：平均 15 人一组，依实训项目定

无菌操作单元布置	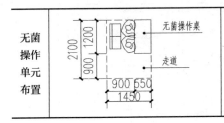	教学内容 设备：无菌操作桌1张、无菌包2套、消毒器械2套； 实训项目：无菌持物钳的使用、无菌容器的使用、无菌溶液的取用方法、无菌盘的铺法、戴无菌手套、无菌包的使用六项； 教学模式：教师示教30分钟，学生自行操作，教师辅导； 使用人数：2人一组

无菌操作室的天花板要做紫外线处理，符合消毒的要求，因此，学生在进入无菌操作室前必须要有准备区域，穿上脚套及白大衣，设计时要有一定面积的准备空间面积。不仅是方便学生的使用，更重要的是延长无菌操作室的使用寿命。调研中不少院校将其布置在了向阳面，长期拉上窗帘，以避免阳光直射，没有严格的消毒设备等诸多问题，均反映出设计的不合理。因此，在设计无菌操作室时，除了考虑满足使用需求的面积外，还要将其内部空间的设计考虑全面，尽量置于北面。

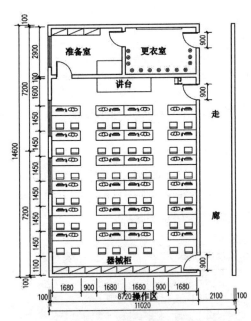

桌数：24张　容纳人数：48人
短边计算：操作区＋走道＝1680mm×4＋900mm×2
长边计算：操作区×3＋理论区＋储物区＋准备区＝1450mm×6＋1600mm＋1100mm＋2900mm
使用面积：实训区＋准备区＝96m²＋24m²＝120m²

图 5.13　内科实训室平面布局

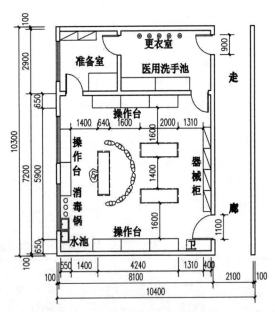

手术床：3张　操作台：8个　容纳人数：45~50人
短边计算：操作区＋走道＋示教＋练习区＋走道＋储物＝550mm＋1400mm＋640mm＋1600mm＋2000mm＋1310mm＋400mm
长边计算：操作区＋练习区＝650mm＋5900mm＋650mm＋2900mm
使用面积：55m²＋22m²＝77m²

图 5.14　外科实训室平面布局

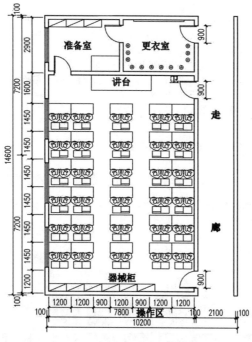

无菌桌：30 张

容纳人数：60 人

短边计算：操作区＋走道＝
1200mm×5＋900mm×2

长边计算：操作区＋储物区＋
理论区＋准备区＝
1450mm×6＋1200mm＋
1600mm＋2900mm

使用面积：实训区＋准备区＝
88m²＋20m² ＝ 108m²

备注：无菌操作室顶棚采用紫
外线仿真消毒设计

图 5.15　无菌操作实训室平面布局

6. 人文实训空间面积计算

人文环境的匹配是整个护理实训中心的软建设，也是护理文化的学习地点，主要是护士站、形体实训室、标识、导向图等的布置。人文环境也应当规范合理的使用面积供教学使用。护士站的形式多种多样，如图5.16、图5.17 所示。

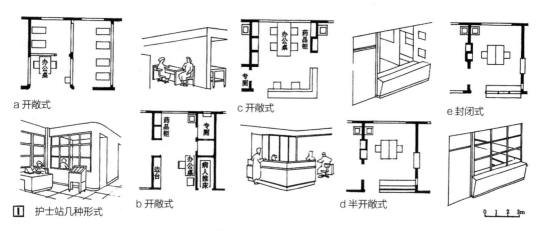

图 5.16　护士站的形式

资料来源：《建筑设计资料集》（第三版）七

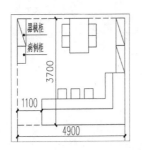

设备：护士站设备1套、办公桌1个、病例柜1个、器械柜3个、计算机3台；

实训项目：呼叫设备操作、病例检查、查房、病例录入等护理工作；

教学模式：教师示教15分钟，练习；

使用方式：课上教师示教，学生课下自由操作熟悉环境，属于开放式教学；

使用面积：18m²

图5.17 开放式护士站布置

除护士站外，形体实训室是训练学生护士形象和行为的场所。形体实训室的建设是护理实训中心人文环境建设的重点内容，同时配置相应的导向图也是仿真医院环境的必备内容（图5.18）。实训室的面积计算如图5.19所示。

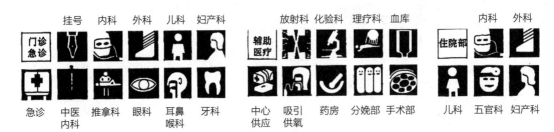

图5.18 导向图示例

资料来源：《建筑设计资料集》（第二版）七

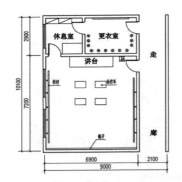

治疗车：4个、栏杆2个、镜子1面

容纳人数：45~60人

短边计算：形体训练区=6900mm

长边计算：形体训练区+准备区＝
7200mm+2900mm

使用面积：实训区+准备区＝
47m²+18m²=65m²

图5.19 形体实训室布置

通过统计现状面积问题，分析设计出合理的各个实训空间的面积配置，为下一步研究生均指标提供数据。

7. 实践实训空间面积建议

以上对各个实践用房的面积计算，并参考现行医疗建筑空间的标准和人体工程学的尺寸要求，提出护理专业实践用房各空间的面积建议值，如表5.24所示。

高职护理专业实践实训空间布局面积建议值　　　　表 5.24

空间名称	操作单元面积（m²）	空间布局			空间布局净面积（m²）	净面积／0.65（m²）	备注
		长（mm）	宽（mm）	高（mm）			
基护空间	8	15000	6500	3800～4200	100	154	教育建筑层高≥3.8m
急救空间	11	15600	6700	4200	100	154	
妇产科空间	8.8	13200	6400	3800～4200	80	123	
内科空间	3.8	14400	8800	3800～4200	120	184	
外科空间	12	10300	8100	3800～4200	78	120	
无菌空间	3	14400	7800	4200	110	170	
人文空间	100	结合设计	结合设计	3800～4200	100	154	

说明：系数 0.65——包含配套公共空间面积；各实训空间面积应最小满足表内相应面积；表中面积满足 45～50 人同时使用，人数增多需相应增加面积；人文空间中的护士站可结合大厅设计，应为开放式。

5.6.2　实训用房生均指标研究

1. 现行指标分析

现行的"92 指标"在关于高职院校护理专业的生均指标制定方面存在以下几点不足：以"医科"笼统的划分，"医科"包括了很多医学专业，各医学专业对实训用房的需求程度不同。在高职院校中，一般只开设 1～3 个医学相关专业，如护理专业、助产专业、影像专业。其中本文所研究的护理是实训室建设种类最全、功能最复杂的专业。因此，"92 指标"并没有对高职护理专业生均指标做出指导性参考指标。

2. 调研学校生均指标分析

实训生均指标反映了职业院校实训基地的建设情况。应对五所调研院系的护理专业实训空间生均指标详细了解（表 5.25）。

调研院校护理实训用房生均指标汇总表　　　　表 5.25

学校名称	护理学生人数（人）	护理系实训总建筑面积（m²）	生均面积（m²／人）
YA 高职	1020	1725	1.69
陕西 NY 高职	1400	2100	1.5
XY 高职	3633	4004	1.1
XA 医专	3747	5953	1.58
WN 高职	4500	5680	1.26

将表 5.25 中的数值绘制成图表形式可直观地观察出数值变化（图 5.20）。

调研院校的护理实训生均指标基本在 1.0～2.0 之间变动。XY 高职的生均最低 1.1，YA 高职的生均最高 1.69。与调研实际情况符合，XY 高职的实训面积与使用人数教学需求不匹配，严重影响其实训教学顺利进行；其他四所高职的实训空间建设面积充足，但使用中发现

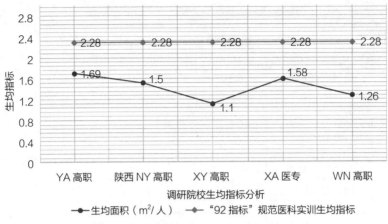

图 5.20　调研院校护理实训用房生均指标图

存在不同程度的面积浪费和空间剩余。现有高职护理实训用房生均面积指标不一，影响实践教学，阻碍职业学生的技能培养，因此生均指标的确定有待规范。

3."92 指标"中生均指标的规定

"92 指标"失去时效性的同时，其生均指标并没有针对单个专业进行详细的规定，致使在设计中出现了无参考性的问题，用医科整个专业估量着设计，造成了后期的改建和使用不合理，并且存在严重的资源浪费。

4.《高等职业学校建设标准》中生均指标的规定

其中医药卫生类的模拟病房一项生均指标达到了 4.0，而对急救实训室，妇产科实训室和内、外科实训室等没有做出规定，可见调研院校的实训建设有待加强。

5. 生均指标调节

由表 5.25 可知，在高职建设时其学生的规模折算系数在 0.9~1.5 之间。在现有的执行规范中，高职护理专业依据不同的学科建设水平，其学生人数的折算系数为 90%~150%。由此可折算出五所高职院校的生均指标（表 5.26）。

调研院校护理实训用房折算后生均指标汇总表　　　　　　　　表 5.26

学校名称	学校类别	折算系数	学生人数（人）	折算后学生人数（人）	实训总建筑面积（m²）	折算后生均面积（m²/人）
YA 高职	工科	0.9	1020	918	1725	1.88
陕西 NY 高职	综合	1	1400	1400	2100	1.5
XY 高职	综合	1	3633	3633	4004	1.1
XA 医专	医药	1.5	3747	5620.5	5953	1.06
WN 高职	综合	1	4500	4500	5680	1.26

生均指标影响因素较多，不同情况下有不同的折算因子。如课程设置、实训模式和校外人员的使用等，都会对实训室的建设产生影响。本文主要针对《高等职业学校设置标准（暂

行）教发〔2000〕41号》中对专科学生规模的折算为主要因素，对高职院校护理专业实训用房的生均指标进行分析研究。

6. 生均指标计算

综合上述数据分析，推出生均指标的计算公式为：

$$生均面积 = \frac{净面积}{0.65 \times 使用人数} \times 各用房使用配比率 \times 折算系数$$

其中：净面积数值见表 5.24；

$$各实训用房使用配比率 = \frac{各用房周内计划实训课时数}{周内实训计划总课时}$$

使用人数最小空间面积布局满足 45～50 人使用；

折算系数见表 5.26。

得出本文建议生均指标（表 5.27）。

高职院校护理专业实践实训空间生均面积建议值

表 5.27

空间名称	最小面积（m²）	平均面积（m²/人）	使用配比率	折算系数	生均面积（m²/人）	"92指标"相关数据	2012年参考指标数据
基护用房	154	3.0～3.5	0.4	工科类院校0.9，综合类1.0，医学类1.5	1.1～2.1	"92指标"针对院校内实训中心所有场所生均指标规定为5.9～9.0之间，无专业区分	《高等职业学校建设标准》征求稿中医药卫生类的模拟病房一项生均达到了4.0。其他用房并没有作规定
急救用房	154	3.0～3.5	0.23		0.6～1.2		
妇产用房	123	2.5～2.7	0.17		0.4～0.7		
内科用房	184	3.7～4.0	0.2		0.7～1.2		
外科用房	120	2.4～2.7			0.4～0.8		
无菌用房	170	3.4～3.8			0.6～1.2		
人文用房	154	3.0～3.5			0.5～1.1		
总面积	1060	21.1～23.5	1	0.9～1.5	19.0～35.3		

5.6.3 护理专业实训室规模变化的适应性策略

空间的适应性是指空间的使用满足建成后不断变化的人数规模扩大和功能全面化发展需求。设计人员在初期要有预见性的为建成空间发展全面考虑，在数量和面积上，要留有合理的空间面积为扩建做准备，有利于空间良性发展，为教学发展提供建设保证。

护理实训室的适应性设计反映在空间设计时，是以单元空间面积大小的可变性和数量的调节性来控制的，为建成后留有发展余地。医学事业发展较迅速，职校的人才培养紧随社会人才结构的变化，对实训空间的面积规模和空间特性的要求也在不断更新。目前大部分单元空间是以满足 45～50 人为标准进行空间设计，如何在规模扩张后仍然满足使用，是空间设计适应性需要解决的首要问题。通过对调研资料的整理和相关数据的查阅，将 80 人作为人数扩张的基数，结合现有的单元空间做设计出发点，选取基护实训室为对象，提出适应性设计参考。

适应性空间规模变化满足不同时期学生规模使用，满足护理实训要求，有利于学校根据自身需求调整开放空间内容，对实训空间可持续发展具有重要意义。

设计现有的单元空间时以 45 人为使用基数，以 80 人为发展扩张基数进行设计。以基护实训空间为例来进行适应性设计：护理专业实训空间的教学模式，每 45 人配备 1~2 名教师进行理论和实践操作演练，当学生人数翻倍时，应合理地分为两个小班级进行实践技能练习，对应模数设计空间时，处理方式应为改建相邻空间的功能，方便教学使用。设计初期的空间布置，在基护单元相邻的空间留有模数相同的空间作为开放实训区及储藏区。当人数规模较少时，开放实训区内可由护理专业实际使用布置相应的开放式功能，还可布置 2~3 张病床供学生课后使用，熟悉操作流程。当人数规模扩大需要分为两个班级教学时，将开放式实训区改建为相应的实训空间，以满足扩张的人数使用，将储藏室和原有准备室、更衣室结合为更大面积的准备区，满足 80 人同时使用，提高空间利用使教学顺利进行。其他三类实训空间采用相同方式进行适应性设计（图 5.21）。

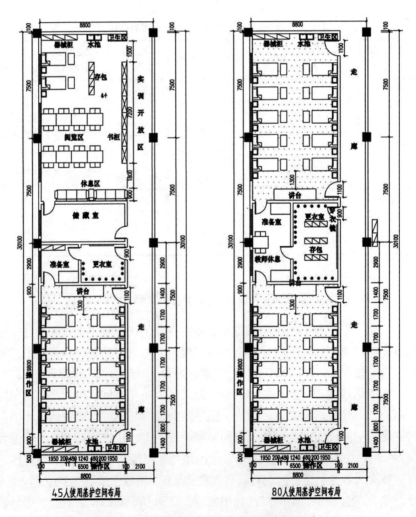

图 5.21 不同人数下基护实训空间布局设计

5.7　本章小结

本章节从高职院校的发展历程、护理专业实训空间在不同时期下的空间形态入手，对实训空间建设作初步阐述，分析实训空间建设的影响因素；同时对陕西地区的数所设有护理专业的高职院校进行实地深入调研，整理分析数据，发现有问题。二者结合探讨出适合护理专业实训空间的设计模式，从实训空间的组合构成、设备布局方式、单元实训空间的面积大小和数量等方面研究，给出合理的实训空间生均指标。填补现行建设标准"92 指标"的不足，有效避免今后高职护理专业实训空间建设中出现的资源浪费或者使用不足等问题，为其建设提供理论参考依据，完善高职教育建设。在此基础上，研读空间构成内容的现有规范指标，结合当前经济社会发展条件下对空间提出的新要求，提出适应规模不断变化的高职护理专业实训空间的设计策略。

6 石油工程类专业实训空间设计研究

6.1 专业概况

6.1.1 专业发展概况

根据我国 2005 年试行的《普通高等学校高职高专教育指导性专业目录》，石油工程类专业属于资源开发与测绘大类里的石油与天然气类。石油工程类专业涵盖了石油勘探开发过程中的钻井、采油、修井等骨干专业。为了适应石油行业在用人需求上的不断变化，在课程设置上采取了模块式课程设置，即在修完职业基础课和职业技术基础课以后，再根据石油勘探开发过程中的专业要求，将职业技术课划分为采油方向和钻井方向两个模块，以满足企业对人才的不同需求，增强学生的就业能力。石油工程类专业学生就业主要面向：包括石油勘探开发过程中的钻井（又包括泥浆、固井）、采油（又包括修井、注水）、集输等专业岗位。

6.1.2 专业现状及问题

我国高职院校石油工程类专业主要有钻井技术、油气开采技术、油气储运技术、油气藏分析技术、油田化学应用技术、石油工程技术和石油与天然气地质勘探技术等专业。在培养学生基础技能的时候实训空间会交叉使用，所以根据石油工程类专业实训室的分类研究更为合理。

根据调研，我国石油工程类专业实训空间主要有以下问题：

（1）以相同的空间尺寸容纳不同尺寸的教学设备

在调研期间发现，多数高职院校参照普通高校实验室的建设标准建设实训楼，导致很多实训空间不能满足实训设备的需求，有些设备尺寸较大，有些较小，但都在同样的教学实训空间内。

（2）实训空间设置与教学结合不够紧密

有些高职院校的实训中心与教学中心距离较远，理论教学与实训教学分离，不利于教师的教学及学生的实践操作。

（3）实训空间不满足教学场地的使用

有些课程需要在教师的指导下学生参观学习后动手操作，但由于实训空间场地有限，不能全方位地进行展示，影响教学效果。

6.2 影响因素

根据我国高职院校的发展现状，以及走访调研，以建筑设计的角度研究石油工程类专业的实训空间，确定影响石油工程类专业实训空间建设的因素主要有教学模式、教学设备以及行为模式三方面因素，其中教学设备是影响石油化工实训空间的主要因素，如下。

1. 石油工程类专业主要实训项目

全球经济快速发展，石油工业的发展需要更多的全方位高技能人才，高职院校的实训空间是培养人才实践操作技能的主要场所，石油工程类专业涵盖实训项目较多，主要的实训项目如表 6.1 所示。

我国石油工程类专业实训空间项目表   表 6.1

实训项目	主要实训项目内容	所需设备
采油技能实训室	掌握采油原理；掌握采油工基本操作	抽油机模拟控制系统、气体导流能力测试仪、垂直管流模拟实验装置等
修井实训室	掌握修井工程工艺	管井管汇、防喷器控制台、阻流器控制台、修井模拟系统等
钻井实训室	掌握钻井操作	节流管汇、立管管汇、环形防喷器、压井管汇、井下控制系统软件、交频钻机控制台等
钻井液实训室	熟悉常用仪器；掌握实验技能	动力柜、通风管、仪器柜、实验台、滚子加热炉、废液处理处等
酸化压裂实训室	熟悉酸化压裂工艺流程	压裂仪表车仿真数据采集系统、混沙车、清水罐、压裂液罐等
油田化学实训室	熟练操作实验仪器；掌握检测技能	动力柜、通风管、实验台、仪器柜等
地质实训室	熟悉地形图，绘制图纸	绘图桌、文件柜
原油集输污水处理注水实训车间	熟悉集输站、污水站和注水站等流程	原油集输污水处理及注水模拟系统设备

石油工程类专业的实训空间数量较多，每所院校也存在专业化差异，本文主要针对石油工程类专业的采油技能实训室、修井实训室、钻井实训室、钻井液实训室、酸化压裂实训室和原油集输污水处理及注水实训车间作以研究。这些实训空间基本满足石油工程类的油气开采技术、钻井技术、油气储运技术、油气藏分析技术以及石油工程技术这几个专业的实训教学课程需求。上述实训空间有些是属于多个专业共同使用的实训室，如采油技能实训室、修井、钻井实训室等，有些是属于相应专业的实训室，如地质实训室、油田化学实训室。

2. 石油工程类专业实训设备

石油工程类专业的实训项目主要如表 6.1 所示，以上实训室的实训设备种类较多，本文对采油技能实训室、修井实训室、钻井实训室、钻井液实训室、原油集输污水处理与注水、酸化压裂和钻井固井平台实训室进行分析研究，实训空间内的实训设备在此不一一列举。仅以采油技能实训空间为例，其使用的主要设备如表 6.2 所示。

石油仪器设备信息（注：A：长×宽×高　B：设备使用要求　C：实训项目　单位：mm）

CMZ-Ⅱ多功能摩阻测试装备	油试抽油机	CL-Ⅱ型多功能智能岩心驱替实验装置
A：1800×1200×1000 B：操作演示 C：教学演示摩阻过程	A：2000×900×2000 B：模拟演示 C：模拟地下抽油	A：1200×600×1800 B：操作演示 C：岩心驱替
采油矿场集输五站合一工艺教学实训平台	自喷井模拟装置	采油工具置管架
A：7000×3200×760 B：展示教学 C：模拟演示	A：1800×900×1000 B：模拟演示 C：自喷井模拟流程	A：1000×500×1000 B：展示教学 C：井口装置
井口管汇拆装设备	采油工具	注水井模拟控制系统
A：2040×900×500 B：拆装演示 C：管路拆装	A：900×900×1000 B：操作演示 C：采油操作	A：3000×2000×2700 B：模拟演示 C：注水模拟
气流导流能力测试仪	空气压缩机	垂直管流模拟实验装置
A：1200×400×1200 B：操作演示 C：气体导流	A：1000×800×1200 B：操作演示 C：压缩气体	A：1500×700×3000 B：操作演示 C：垂直管流
螺旋泵教学模型	潜油电泵模型	真空加压饱和装置
A：900×900×3000 B：操作演示 C：采油操作	A：800×500×2100 B：实训操作 C：电机找头	A：900×800×900 B：操作演示 C：岩心抽空

6.3 实例调研分析

6.3.1 YA职业技术学院

1. 院校概况及规划布局

学校总占地面积525亩，总建筑面积25.5万m²。学校位于延安市宝塔区枣园镇莫家湾行政村，校园规划用地呈长方形，东西约850m，南北约400m，以整体化、人本化、园林化、特色化为规划原则，地视平坦，交通便利，是建设校园理想用地（表6.3）。

石油工程系是学院的核心院系，开设了油田化学应用技术、油气开采技术、石油天然气地质勘探技术、钻井技术、油气储运技术五个专业。该系实训楼概况如表6.4所示。

YA职业技术学院概况	表6.3

规划布局	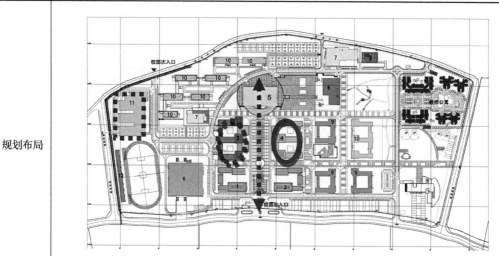 1- 实训楼　2- 行政办公楼　3- 实训中心　4- 教学中心　5- 图书馆　6- 体育馆　7- 食堂 8- 后勤办公　9- 教学楼　10- 学生宿舍　11- 实训车间　12- 体育厂用房
规划分析	实训中心与教学中心分别位于校园主轴线两侧，图书馆在中心轴线的重要区域，实训车间位于校园边部
特点	图书馆为校园中心主导地位，实训与理论教学各居两侧

YA职业技术学院石油工程系实训楼信息汇总表				表6.4
建设时间	结构形式	柱网尺寸	层数	层高
2006年	框架	8.4m	6层	3.6m
首层平面图				

空间布局	实训中心由三栋建筑组成，建筑与建筑之间有一定间距，形成院落，实训楼呈内廊与单廊组合的方式布置，教室采光较好
建设数量	25 个实训室，准备室
使用人群	石油工程类专业的教师、学生以及技能培训人员
文化设施	实训楼入口配有各楼层指示牌，走廊上有石油工程类专业相关知识牌、企业宣传、油田介绍等相关文化宣传设施
荣誉	2011 年被陕西省教育厅批准为陕西省高等职业教育实训基地

2. 石油工程类专业实训空间的使用现状

以下是对 YA 职业技术学院的采油技能实训室、修井实训室、采油采气实训室、录井实训室以及钻井液实训室等的调研情况。

（1）采油技能实训室

采油技能实训室位于实训楼的一层。该实训室长 12.6m，宽 8.1m，建筑面积为 102.06m²，层高 3.6m，主梁高为 900mm，次梁高为 600mm。准备室长 8.1m，宽 4.2m，建筑面积为 34.02m²（图 6.1，图 6.2）。

采油技能实训室的主要功能是大二年级在此上专业基础课，掌握实训设备的基本操作技能，同时也是采油工技能的操作考场。

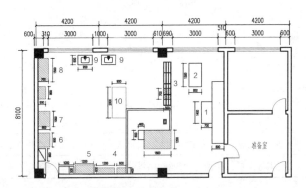

采油技能实训室设备： 1- 课桌　2- 电脑桌　3-CMZ- Ⅱ多功能摩阻测试装置　4- 气体导流能力测试仪　5-CL- Ⅱ型多功能智能岩心驱替试验装置　6- 真空加压饱和装置　7- 空气压缩机　8- 垂直管流模拟实验装置　9- 水池　10- 油试抽油机

图 6.1　采油技能实训空间平面布置图

图 6.2　采油技能实训空间实景照片

使用评价：实训室设备较多，并有两个水池，闲置未用；垂直管流模拟实验装置需要排水设置。空间较为拥挤，不利于教学演示及学生操作，现有层高较低，不能满足所有设备操作。

（2）修井实训室

修井实训室位于实训楼的一层。该实训室长10.2m，宽8.1m，建筑面积为82.62m^2，层高3.6m，主梁高为900mm，次梁高为600mm。准备室长8.1m，宽4.2m，建筑面积为34.02m^2（图6.3，图6.4）。

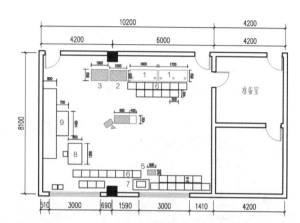

修井实训室设备： 1- 立管管汇　2- 防喷器控制台　3- 阻流器控制台
4- 控制台　5- 悬重表　6- 座椅　7- 水池　8- 电脑桌　9- 讲桌

图6.3　修井实训空间平面布置图

图6.4　修井实训空间实景照片

修井实训室的主要功能是模拟地下修井实况，模拟十三个工段，流程为：阻流器→防喷器→立管管汇→查看悬重表。

使用评价：空间布局较为合理，但教室的凳子需要在教学时移动，并且遮挡了仪器，教室有一个水池，闲置未使用。理论教学区域管理不当，空间使用不合理，应设置合理的理论教学区域。

（3）采油采气实训室

采油采气实训室位于实训楼的二层。该实训室长10.2m，宽8.1m，建筑面积为82.62m^2，层高3.6m，主梁高为900mm，次梁高为600mm（图6.5，图6.6）。

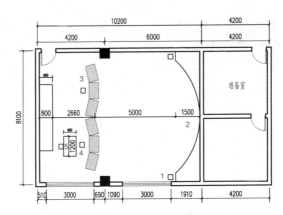

采油采气实训室设备：1- 音响　2- 弧形屏幕　3- 采油模拟设备　4- 采气模拟设备　5- 电脑桌

图 6.5　采油采气实训空间平面布置图

图 6.6　采油采气实训空间实景照片

采油采气实训室的主要功能是模拟采油采气的现场，满足采油实训的综合实践性教学需求。使用评价：空间较为合理，无理论教学区域，准备室与教室不连通。

（4）录井实训室

录井实训室位于实训楼的二层。该实训室长 12.6m，宽 9.6m，建筑面积为 120.96m²，层高 3.6m，主梁高为 900mm，次梁高为 600mm。准备室长 9.6m，宽 4.2m，建筑面积为 40.32m²（图 6.7，图 6.8）。

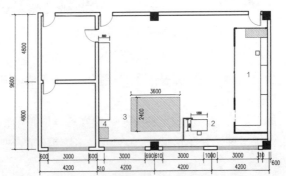

录井实训室设备：1-LS-Ⅰ综合录井模拟培训系统控制中心　2- 电脑桌
3- 综合录井模拟展示平台　4- 隔爆型三相异步电动机

图 6.7　录井实训空间平面布置图

图6.8 录井实训空间实景照片

录井实训室的主要功能是模拟录井的地质勘探现场，并有综合录井模拟实训平台，向学生全面展示录井的工艺流程。

使用评价：教室较为宽敞，综合录井模拟使用系统四周可以环绕式观看，准备室与实训室相连接，使用状况良好，现有层高刚好能满足展示空间。

（5）钻井实训室

钻井实训室位于实训楼的一层。该实训室长12.6m，宽8.1m，建筑面积为102.06m²，层高3.6m，主梁高为900mm，次梁高为600mm。准备室长8.1m，宽4.2m，建筑面积为34.02m²（图6.9）。

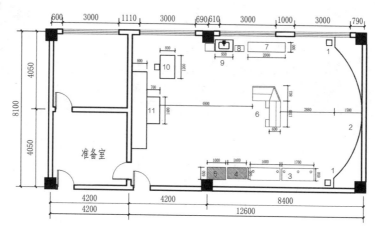

钻井实训室设备： 1- 音响　2- 弧形屏幕　3- 管井管汇　4- 防喷器控制台　5- 阻流器控制台
6- 井下控制模拟系统　7- 地面防喷器控制装置　8- 控制台　9- 水池　10- 电脑桌　11- 讲桌

图6.9 钻井实训空间平面布置图

钻井实训室的主要功能是仿真模拟钻井现场各工艺操作流程，使学生熟悉各种钻井设备的操作使用，巩固所学的理论知识，能够迅速适应生产第一现场。

使用评价：实训室空间使用较为合理，实训设备较为先进，顺墙布置；但有废弃的水池未使用。

（6）钻井液实训室

钻井液实训室位于实训楼的三层。该实训室长 12.6m，宽 9.6m，建筑面积为 120.96m^2，层高 3.6m，主梁高为 900mm，次梁高为 600mm。准备室长 9.6m，宽 4.2m，建筑面积为 40.32m^2（图 6.10，图 6.11）。

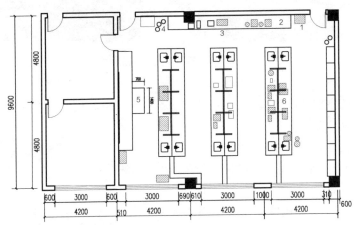

钻井液实训室设备：1- 精密霉菌培养箱　2- 旋转黏度计　3- 激光粒度分析仪　4- 氧气罐　5- 讲桌　6- 实验台

图 6.10　钻井液实训空间平面布置图

图 6.11　钻井液实训空间实景照片

钻井液实训室的主要功能是训练钻井液的配制和组成，认识使用测试仪器，掌握钻井液各种常规性能测定的操作方法。

使用评价：实验台有单独的上下水系统，但调研过程中发现实训室靠窗一侧有三个下水口及三个水龙头，闲置未使用。

（7）原油集输污水处理与注水、酸化压裂实训车间

原油集输污水处理与注水、酸化压裂实训车间位于校园西北角实训基地。该实训车间长 29.9m，宽 16m，建筑面积为 478.4m^2，层高 7.4m。工字钢结构与化工实训车间合设，总建筑面积为 1054m^2（图 6.12，图 6.13）。

原油集输污水处理与注水、酸化压裂实训车间主要由两部分组成，一是原油集输污水处理和注水综合实训系统，二是酸化压裂工艺实训，主要培养学生熟悉整个工艺流程。

使用评价：车间操作流程合理，空间尺度较好，但缺少理论教学区域。

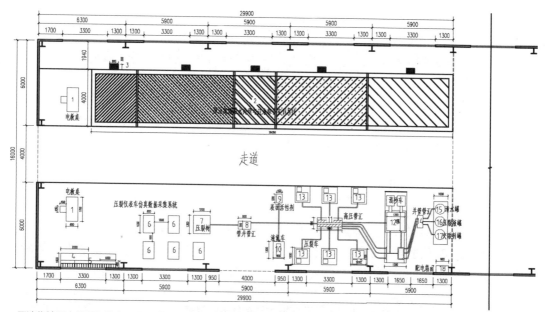

原油集输污水处理与注水、酸化压裂实训车间设备：1- 电教桌　2- 原油集输污水处理与注水综合实训系统　3- 动力柜　4- 工具桌　5- 置管架　6- 压裂仪表车仿真数据采集系统　7- 压裂树　8- 管井管汇　9- 表面活性剂　10- 液氮车　11- 高压管汇　12- 混砂车　13- 压裂车　14- 并管管汇　15- 清水罐　16- 压裂液罐　17- 交联剂罐　18- 配电箱

图 6.12　原油集输污水处理与注水、酸化压裂实训车间平面布置图

图 6.13　原油集输污水处理与注水、酸化压裂实训车间实景照片

3. 石油工程类专业实训空间的现存问题

通过调研发现，YA 职业技术学院石油工程类专业实训空间的使用存在以下问题：

（1）上下水系统设计问题

在调研过程中发现，每间实训室都有上下水系统及闲置未使用的水池、下水口及水龙头等，经过访谈得知实训楼的建筑按照实验室的标准设置，并没有按照石油工程类专业的特性进行设计。

（2）实训室面积不足

YA 职业技术学院的实训室主要有三种尺寸，分别是 12.6m×8.1m、10.2m×8.1m、12.6m×9.6m，面积分别是 102.06m²、82.62m²、120.96m²，但有些实训室的仪器设备较多，实训室的面积较小，室内较为拥挤，不便于实践教学操作。

（3）实训室准备间过多

每个实训室都配备有准备室，并且是套间形式，但调研发现，YA 职院的多个准备间处于闲置状态，有些准备间改为教师办公室或者临时休息室。

（4）建筑层高较低

石油工程类专业很多实训设备尺寸较大，操作过程需要上空有一定的空间，但实际调研发现建筑层高为3.6m，不能完全满足设备操作室的使用需求。有些大型设备需要较高的层高，实训室设置在一层较为合理。

除此之外，实训室内仅有实训室的学生规范守则，没有相应实训室功能介绍及实训项目标识，实训室仅在上课时间开放，不能满足学生的操作实践需求。

6.3.2 天津SY职业技术学院

1. 院校概况及规划布局

学校总占地面积1147亩，总建筑面积25万m²。该学院设有石油工程技术、钻井技术、油气开采技术、石油化工技术等多个高职专业。石油化工实训基地被中国石油和化学工业协会、中国化工教育协会命名为"石油和化工行业职业教育与培训全国示范性实训基地"（表6.5）。

<table>
<tr><td colspan="2" align="center">天津SY职业技术学院基本信息表</td><td align="right">表6.5</td></tr>
<tr><td rowspan="2">规划
布局</td><td colspan="2"></td></tr>
<tr><td colspan="2">1-广场　2-行政办公楼　3-石油工程系实训楼　4-教学大楼　5-石油化工系实训楼　6、7-机械类实训车间　8-石油工程室外实训基地　9-石油化工实训车间　10-宿舍　11-卫生所　12-活动中心　13-宾馆　14-职工食堂　15-石油工程系实训车间　16-报告厅</td></tr>
<tr><td>规划
分析</td><td colspan="2">实训基地和理论教学区域位于校园中心主轴线上，图书馆位于中轴线一侧，实训车间位于校园一侧的职工食堂附近，室外实训中心位于学院的中轴线末端，利于扩建</td></tr>
<tr><td>特点</td><td colspan="2">理论教学与实训基地并重</td></tr>
</table>

2. 石油工程类专业概况

石油工程系是该学院重点建设专业，设有石油工程技术、钻井技术、油气开采技术、油气储运技术、城市燃气工程技术五个学院骨干专业。

石油工程实训基地下设钻井技术实训基地、油气开采实训基地、油气储运实训基地、城市燃气实训基地 4 个基地群，包括石油工程基本技能实训室、钻井工程综合技能实训室、修井作业实训室、油气储运工艺仿真实训室、采油综合技能实训室、钻井技能训练场、采油综合技能训练场、油气储运技能训练场、天然气采集训练场等 15 个实训室（场）。

3. 石油工程类专业实训空间的平面布局

该专业实训楼概况，及多个实训用房在实训楼中的布局如表 6.6，图 6.14 所示。

天津 SY 职业技术学院石油工程系实训楼概况 表 6.6

建设时间	结构形式	柱网尺寸	层数	层高
2009 年	框架	7.2m	局部 4 层	3.6m
空间布局	实训楼由"工"字形平面组成，中间区域为石油工程系的实训空间，直接通往室外广场，在主楼的东侧也有部分石油工程系的实训空间			
建设数量	15 个实训室，若干教室，办公室			
使用人群	学院行政工作人员、学生等，其中石油工程系实训空间使用人群为石油工程类专业，石油化工类专业的教师、学生以及技能培训人员			
文化设施	楼道有相关油田介绍，以及各大企业的介绍等，楼道内悬挂有部分教室的分布图			
荣誉	2011 年获批为中央财政重点支持建设的实训基地			

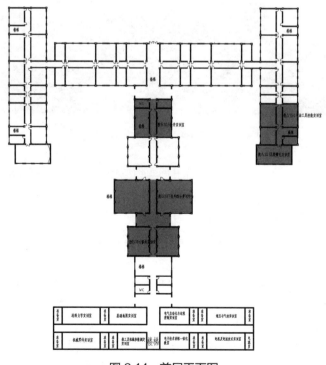

图 6.14　首层平面图

4. 石油工程类专业实训空间的使用现状

天津 SY 职业技术学院石油工程类专业的实训空间主要集中在校园中心轴线上，有 15 个室内实训室、两部分室外实训基地，以及 2 个实训车间。

（1）采油技能实训室

采油技能实训室位于实训楼的一层。该实训室长 8.7m，宽 6m，建筑面积为 52.2m²，层高 3.3m，室内有吊顶（图 6.15，图 6.16）。

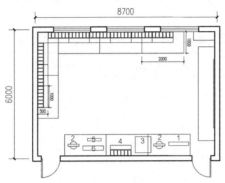

采油技能实训室设备：1- 注水井井口装置 0.16×0.95　2-250 井口设置 0.55　3- 节流管汇 0.75×0.75　4- 置管架 0.5×1　5- 压井管汇 0.12×0.65　6- 压裂井口 0.2×1

图 6.15　采油技能实训空间平面布置图

图 6.16　采油技能实训空间实景照片

采油工具技能实训室是包括 91 种采油工具实物模型，可演示有杆采油、无杆采油过程中所使用的各类工具用途、内部结构、工作原理、工具间的组合使用等。该系列模型应用在采油工程和采油机械课程教学中，改变了传统的课堂抽象教学模式，同时为学生提供一个有关采油工具及工艺管柱拆装组合实训教学平台，使学生通过实训能熟练掌握相关各类工具、工艺管柱的结构，原理，用途，以及相互关系。

使用评价：实训室面积较小，在调研中发现桌子与讲台的距离 0.3m，学生只能从讲台进入实训空间。

（2）修井实训室

修井实训室位于实训楼的一层，始建于 2009 年，2013 年升级改造。该实训室长 10.8m，宽 5.7m，建筑面积为 61.56m²，层高 3.3m，室内有吊顶（图 6.17，图 6.18）。

WS-3修井实训室是集教学、培训、职业技能鉴定于一体的多功能培训系统实训室，为学生提供一个适合修井作业的实训教学平台，使学生通过实训能熟练地掌握现场小修、大修等施工作业过程中工具的选配、组合、施工工艺等实际操作。WS-3修井实训教学平台使利用模拟仿真、自动化控制技术通过模拟不同工况下设备、井下作业工具的选配、组合、各种作业施工工艺等进行实际操作的仿真教学平台。

使用评价：实训室面积较小，不足62m²的空间容纳实训教学和理论教学内容，教室课桌摆放较为拥挤，实训设备沿墙边摆放，拥挤环境不利于操作。

（3）采油综合技能实训室

采油综合技能实训室位于实训楼的一层，始建于2009年。该实训室长10.8m，宽8.4m，建筑面积为90.72m²，层高3.3m，室内有吊顶（图6.19，图6.20）。

采油综合技能实训室适用于油气开采技术专业及相关石油专业的学生实验、实训。旨在提高学生理论联系实际、综合运用采油生产知识的能力，提高学生动手能力，学会掌握各种井下工具的使用方法，提高学生解决各种采油复杂问题的能力，达到学用结合，培养应用型人才，满足油气开采的需要。

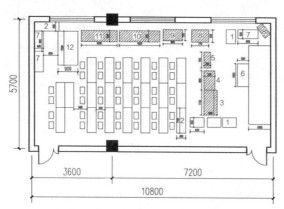

修井实训室设备： 1- 单人课桌　2- 双人课桌　3-WS-3修井模拟培训系统　4- 设备　5- 触屏控制系统
6- 讲桌　7- 文件柜　8- 阻流器控制台　9- 防喷器控制台　10、11- 立管管汇　12- 电脑桌

图 6.17　修井实训空间平面布置图

图 6.18　修井实训空间实景照片

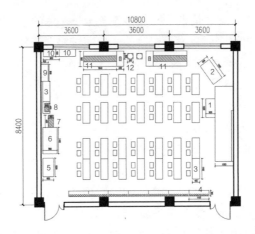

采油综合技能实训室设备：1- 讲桌　2- 电教桌　3- 双人课桌　4- 置管架　5- 碳酸盐含量分析仪　6- 置管架
7- 空气压缩机　8- 导流能力测试仪　9- 双表式压力试验机　10- 文件柜　11- 教学采油模型　12- 模拟油罐

图 6.19　采油综合技能实训空间平面布置图

图 6.20　采油综合技能实训空间实景照片

使用评价：理论教学与实践教学相结合，实训设备沿墙边布置，教师在上课过程中讲解理论知识的同时向学生展示设备仪器的部位，实训室后面的文件柜存放有实训的一些工具，课堂教学较为灵活，但教室布置较为拥挤，不便于实训设备的教学操作。

（4）钻井综合实训室

钻井综合实训室位于实训楼的一层。该实训室长 13.5m，宽 12.3m，建筑面积为166.05m²，层高 3.3m，室内有吊顶（图 6.21）。

钻井综合实训室主要培养学生的动手操作能力，巩固所学的理论知识，掌握常用工具的使用与操作方法，掌握现场钻井工具的测量与匹配，通过训练提高综合动手能力。

使用评价：实训室中心区域为理论教学区，两侧为设备区，在教室的一侧设有教学展示平台，导致仅能从一侧疏散，教室布局不合理。

（5）酸化压裂实训室

酸化压裂实训室位于实训楼的一层，建于 2013 年。该实训室长 13.5m，宽 7.2m，建筑面积为 97.92m²，层高 3.3m，室内有吊顶（图 6.22，图 6.23）。

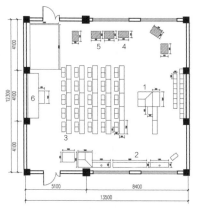

钻井综合实训室设备：

1-DS-7 钻井模拟装置

2- 地面防喷器控制装置 3- 课桌

4- 防喷器控制台 5- 阻流器控制台

6- 多媒体

图 6.21 钻井综合实训空间平面布置图

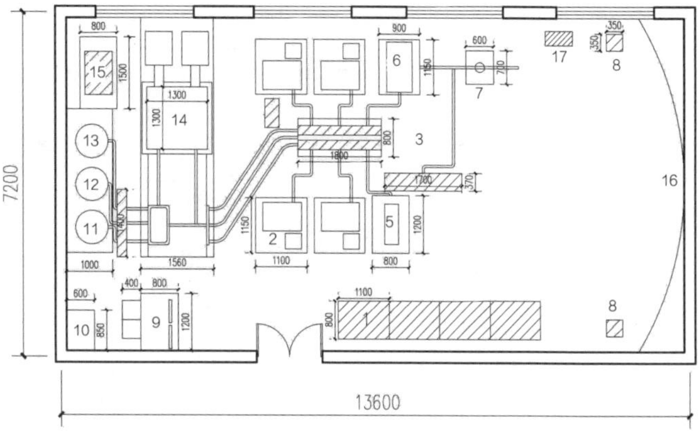

酸化压裂实训室设备：1- 酸化压裂调度控制台 2- 压裂车模拟装置

3- 交汇处 4- 压裂仪表车仿真数据采集系统 5- 表面活性剂

6- 液氮车 7-250 真实压裂井口 8- 仿真音效功能音响

9- 电脑桌 10- 融жение机 11- 清水罐 12- 压裂液罐 13- 交联剂罐

14- 混砂车 15- 模拟设备 16- 弧形屏幕 17- 空调

图 6.22 酸化压裂实训空间平面布置图

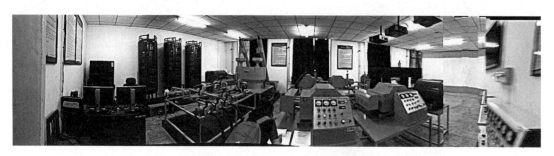

图 6.23 酸化压裂实训空间实景照片

酸化压裂实训室可开设典型实训项目有：①连接压裂设备操作；②组配压裂管柱操作；③起原井管组操作；④压井替喷操作；⑤限流法压裂工艺操作；⑥投球法压裂工艺；⑦管柱脱落操作。

使用评价：酸化压裂实训室与修井、采油实训室等分开设置，位于建筑的加建部分，建于 2013 年，实训室容纳了过多的教学设备、酸化压裂的一系列设备，而且还有模拟系统，环形屏幕是弧形墙体，没有现代化的教学投影幕布，教学内容较多，室内空间狭窄，不能容纳过多学生，不便于教学操作演示及学生操作练习，狭小的空间还兼做教师办公场所。

（6）固井平台及固井顶驱实训车间

固井平台及固井顶驱实训车间位于职工食堂南侧，属于实训车间类型。该实训车间长 14.7m，宽 12m，建筑面积为 176.4m²，层高 5.2m，主梁高 900mm，次梁高 600mm，室内有吊顶（图 6.24，图 6.25）。

固井平台及固井顶驱实训车间内设仿真模拟固井操作系统和井架起升模拟操作系统用以培养学生的动手能力，加深理论知识的学习，转化为实践操作能力。

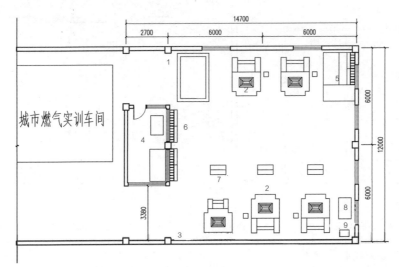

固井平台及固井顶驱实训车间设备：1- 固井仿真教学模拟平台　2- 井架起升模拟操作系统1
3- 井架起升模拟操作系统2　4- 办公室　5- 工具桌　6- 置管架　7- 工具　8- 桌子　9- 配电箱

图6.24　固井平台及固井顶驱实训车间平面布置图

图6.25　固井平台及固井顶驱实训车间实景照片

使用评价：设备较高，所以与城市燃气仿真模拟系统共同设立在一个大型车间内，建筑层高5.2m，比较符合设备使用要求。但仿真模拟教学平台的摆放位置影响疏散宽度，室内设备布局不合理。

（7）采油室外实训基地

采油室外实训基地（图6.26）具体可完成的实训项目有：①观察井口装置；②绘制采油地面管线流程图；③倒注水井正注流程；④井口取油样；⑤更换抽油机皮带；⑥玻璃管量油；⑦启动、停止游梁式抽油机；⑧检查抽油机井平衡率；⑨更换抽油机井光杆密封圈；⑩抽油机一级保养；⑪填写油井班报表；⑫更换法兰垫片；⑬调整抽油机井防冲距；⑭抽油机井碰泵；⑮分析抽油机井实测施工图；⑯调整游梁式抽油机冲速；⑰注水井反洗井等项目。

（8）钻井实训基地

钻井实训基地东西长55m，南北长52.1m，占地面积为2865.5m²（图6.27，图6.28）。

钻井实训基地主体设备为大庆130-Ⅱ型钻井机一台套，配备相应的配套设施，同时钻进一口深度为691m教学实验井，为石油类各相关专业学生实习、实训提供了良好条件，满足校

图6.26 采油室外实训基地实景照片

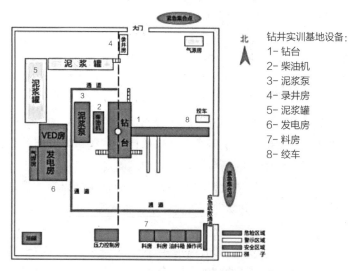

钻井实训基地设备：
1- 钻台
2- 柴油机
3- 泥浆泵
4- 录井房
5- 泥浆罐
6- 发电房
7- 料房
8- 绞车

图6.27 钻井实训基地平面布置图

图6.28 钻井实训基地实景照片

企双方的各种教学、培训及技术发展等需求。

5. 石油工程类专业实训空间的现存问题

调研发现天津SY职业技术学院石油工程类专业的实训空间主要存在以下问题：

（1）实训室面积过小

调研发现天津SY职业技术学院的实训空间多数采用理论教学与实践教学相结合的模式，但由于设备数量较多，室内理论教学区课桌较多，导致室内空间拥挤，不利于教学实践操作。

（2）实训室设置不集中

石油工程系的主要实训空间集中在教学中心的主轴线两侧，但采油技能实训室以及酸化压裂实训室距离主要实训空间较远，院校整体规划不合理。

（3）缺少教师办公及休息区域

调研过程中发现有些实训空间兼做为教师的办公场所，在本来较为拥挤的条件下设立教师办公空间，并不利于教学。

（4）实训室管理混乱

采用理实结合的教学模式，学生可以随时使用教室，教学设备无法管理及维护，有些实训室又兼做教师办公室，整体管理较为混乱。

6.4　实训空间规划布局研究

6.4.1　室外实训基地布局

室外实训基地规划是高职院校校园规划的重要组成部分，不同的实训模式，实训基地在校园中所处的位置也不同。多数院校采用校企合作的模式共建室外实训基地。校企合作的实训基地，不仅是学生进行实践学习的场所，也是企业培养各类工种的场所。有些实训课程的实训设备为实际生产所使用，属于特大型实训设备，一般企业会为学校捐赠。根据调研，常见的室外实训项目有采油实训、钻井实训、集输注水、脱水等工艺。

1. 使用现状

由于院校的管理方式和教学模式不同，有些院校采取校企合作的教学模式，有企业援建的实训基地情况不一，现将几所院校的室外实训基地基本信息汇总，如表 6.7 所示。

调研院校室外实训基地现状分析

表 6.7

内容	天津 SY 职院采油实训基地	天津 SY 职院钻井中心实训基地	渤海 SY 职院实训基地
室外实训基地			
空间使用现状	室外实训基地位于两栋实训楼之间，距离石油工程类专业的实训室较近，方便学生上课，合理利用空间。但实训设备保护不周，出现锈蚀现象	位于校园集中地室外实训基地处，主体实训设备为大庆 130- Ⅱ型钻机一台套，配备相应的配套设施，实训基地布置较为规整，空间利用合理，有安全疏散口和应急集合点	实训基地是华北油田公司实训基地，包含石油工程类、机电类专业实践教学空间，是教学、培训、技能鉴定、项目开发和技能竞赛等多功能于一体的实训基地
主要功能	采油、集输、综合技能	钻井实训	采油、集输、注水、井下作业、采油化验、采油测试等

（1）空间使用评价

实训基地一般位于院校的综合实训基地处，也有些实训基地采取校企合作的模式，有专门的用地和规划。实训基地的实训设备为生产实训设施，按照实际生产现场标准建设，通过实践操作，学生能够掌握实践技能，很快融入工作环境。

（2）优缺点

优点：实训设备为生产实训设施，与实际生产现场相同，实训基地依照实际生产现场标准建设，有利于学生快速适应工作。

缺点：有些实训基地的实训设备长时间暴露在室外，并且维护不到位，造成设备锈蚀或损坏现象。

2. 影响因素

（1）实训设备

石油工程类专业实训设备类型较多，特大型的实训设备为实际生产设备，需要专门的场地模拟真实生产现场，室外实训基地的形式较为符合。

（2）企业援建

多数高职院校采取校企合作模式，企业捐赠的实训设备和援建的资金决定实训基地的建设项目和建设。

（3）校园规划

规划设计决定室外实训基地的位置，院校用地的大小决定实训基地所占用地面积。

3. 室外实训基地布局原则

（1）基地用地

室外实训基地可根据校园规划的总体选择合适用地，可以和其他专业的实训基地综合设计，也可以根据实际情况单独设计。

（2）建设项目

实训基地应根据院校现有设备以及企业捐赠设备，设计符合对应类型的实训基地，满足实践需求。

（3）建设标准

采用模拟仿真实际生产现场的设备设施，建设符合生产的实训基地，满足所建设工种需求的实训要求，并且考虑安全疏散口、紧急集合点。

6.4.2 石油工程类专业实训空间在实训楼中的布局

石油工程类专业的实训空间在实训楼中的布局与实训项目有关，一般较大的实训项目和设备位于实训楼的一层，较小的实训设备或者实验型实训空间位于实训楼的标准层，也有一些实训空间在实训基地。根据调研院校实训空间的布局，基本上石油工程类实训空间在实训楼中的布局模式有以下四种方式：分层式、分区式、综合式、独立式（表6.8）。

分类	竖向空间	
图例	小型设备实训空间 / 小型设备实训空间 / 小型设备实训空间 / 小型设备实训空间 / 小型设备实训空间 / 大型设备实训空间	其他专业实训空间 石油工程类专业实训空间（各层）
范例	YA 职业技术学院 承德 SY 高等专科学校	承德 SY 高等专科学校 天津 GC 职业技术学院
特点	小型设备与大型设备实训空间分层设置，空间功能利用合理，实训操作方便	不同专业设置在同一楼层，与相近学科之间有相互联系
优缺点	干扰较小，便于教学管理，缺乏交流	便于交流，但空间高度不合理
分类	横向空间	
图例	其他专业实训空间 / 石油工程类专业实训空间 / 其他专业实训空间 / 其他专业实训空间 / 石油工程类专业实训空间 / 石油工程类专业实训空间 / 其他专业实训空间 / 其他专业实训空间	石油工程类专业实训空间 / 石油工程类专业实训空间 / 石油工程类专业实训空间
范例	天津 SY 职业技术学院	渤海 SY 职业学院
特点	石油工程类专业与其他专业在同一楼层内，实训室零散分布	石油工程类实训空间独立设置，距离室外实训基地较近，便于管理
优缺点	便于各专业交流，但不方便管理	教学集中，但缺乏与外界交流

　　四种布局模式都有各自的优缺点，石油工程类专业的实训项目较多，实训设备和仪器数量庞大，校方根据院校的建设条件、现有设备数量和尺寸、未来发展方向可以自行选择适合学校的发展模式，合理选型，有利于教学发展和学生之间的相互交流。

　　依据专业建设特色、教学模式、设备仪器种类数量等，规划设计石油工程类专业实训基地及实训空间，使校园建设可持续发展。竖向分区设计包括同一类专业在实训楼中的不同楼层和不同专业在实训楼中的不同位置两种形式。根据院校石油设备的数量以及尺寸，选择合理的布置方式，例如大型实训设备较多集中在一层布置，小型设备可以布置在较高楼层。

　　横向分区设计有两种形式，一种是石油工程类专业实训空间和其他专业实训空间在同一楼层的不同区域，不同专业之间有相互交流的空间；另一种是石油工程类专业的实训空间集中设置在同一建筑中，没有其他专业的实训空间，也不具备交流空间。

　　实训楼形式可以为"一"字形、"工"字形、"T"字形、"L"字形、"E"字形等。实训基地产业化的实训楼可采用"一"字形、"T"字形或"L"形建筑形式；多专业复合型的实训中心可采用"工"字形或"E"字形建筑形式；二级院系分区化管理模式的实训楼采用"T"字形或"L"字形建筑形式，结合室外实训基地联合设计。设计人员可根据校方的需求规划设计符合院校发展方向、学科建设、培养模式等方面的校园规划布局。

6.5 实训空间构成及空间模式研究

6.5.1 石油工程类专业实训空间的构成及分类

根据调研来看，各个院校开设的专业有所不同，石油工程类专业实训空间根据院校的教学侧重点以及管理方式的不同，其实训空间的名称也并不统一。按照实训项目划分实训用房类别，可分为：采油技能实训室、修井实训室、钻井实训室、大型实训车间（酸化压裂工艺实训和集输与注水工艺实训），除此之外，还有容纳特大型真实设备的室外实训场地。

按照空间属性来分，实训空间又可分为实践用房和附属空间，其特点如下：

1. 实践用房

高职院校石油工程类专业的实践用房主要有采油技能实训室、修井实训室、钻井实训室、钻井液实训室等四个中小型设备的实践用房，还有钻井平台及钻井顶驱实训车间和酸化压裂工艺、集输与注水工艺实训车间等大型设备的实训车间，除此之外还有特大型设备的实训基地（表 6.9）。

各类设备表 表6.9

小型设备	中型设备	中型设备	大型设备	特大型设备
采油工具	防喷器控制台	司钻模拟操作台	钻井顶驱	抽油机

2. 附属空间

实践用房是构成实训空间的主要部分，但附属空间也不容忽视，如实训室的准备室、药品或工具存放室、教师休息室、库房等空间，也是构成实训空间的重要组成部分。除此之外，建筑的交通空间、卫生间、大厅等附属空间也是实训中心建筑的一部分，这几部分共同组成了培养学生技能实践能力实训中心。

6.5.2 石油工程类专业实训用房设计

1. 采油技能实训室

采油技能实训室是石油工程类专业采油工艺技术培训的基本技能实训室。在校企合作的院校中，采油技能实训室也是采油工技能考核的场所。采油技能实训室内一般设有模拟抽油机、采油工具，以及一些相关设备，部分院校有企业援助的模拟展示平台，能够让学生更为直观地看到整个工艺流程，学生在"看、学、做"的过程中提高自己的实践能力。

（1）影响因素

影响采油技能实训室建筑空间使用的因素有以下几点：

①教学模式：各院校采取的教学模式不同，理实分离的教学模式空间较小，仅容纳实训设备，理实结合的教学模式需要较大的实训空间。

②设备尺寸：由于石油工程专业实训设备的尺寸不一，采油技能实训中展示类的实训平台尺寸较大，需要较大的空间进行展示类教学，而采油工具等不需要过大空间。

③设备数量：实训设备的数量多少直接影响实训空间的大小，可根据必需设备以及院校自有设备数量综合考虑实训空间。

④学科建设：石油类高职院校有各自的重点学科和开设专业，重点专业的实训空间投资较多，反之亦然。

⑤学生数量：学生数量的多少直接影响实训空间的使用，一般上课学生每班35人左右，5~6人一组，统一进行理论教学，然后分组进行实践操作。大型仪器为2~3人每组，分组操作。

（2）设计模式

现有空间与优化空间的对比分析如表6.10所示。

采油技能实训室现有空间与优化空间对比分析　　　　表6.10

	现有空间	优化空间
采油技能实训室（一）理论教学		
尺寸面积	建筑尺寸（L×D×H）：10.8m×8.4m×3.6m 实训室面积：90.72m²	建筑尺寸（L×D×H）：13.8m×8.4m×4.2m 实训室面积：115.92m²
楼层	位于一层	建议楼层：一层
功能分区	实训设备区＋理论教学区＋工具展示区；实训设备操作空间有限	实训设备区＋理论教学区＋工具展示区；增加实训设备操作空间
采油技能实训室（二）综合实践		

	现有空间	优化空间
尺寸面积	建筑尺寸（L×D×H）：16.8m×7.5m×3.6m 实训室面积：126m²	建筑尺寸（L×D×H）：13.8m×8.4m×4.2m 实训室面积：115.92m²
楼层	位于一层	建议楼层：一层
功能分区	实训设备区＋模拟平台展示区＋工具展示区； 有简易凳子为理论教学使用	实训设备区＋模拟平台展示区； 实践技能培训（兼做技能考场）
对比	现有教学空间与实践培训分区不明确，有些空间拥挤，有些浪费	理论教学区与实践培训分区明确，综合实践实训室兼做采油工技能考场

（3）优化空间

根据调研院校采油实训室的基本数据分析，建议采油技能实训室设置在一层，建议层高4.2m（模拟抽油机及模拟展示平台对空间高度有要求）。采油技能实训室分两部分，一是进行理论教学与抽油机实践训练的实训空间，二是采油技能综合实训空间，包括采油教学模拟展示平台和其他实训设备。实训室中间设置教师办公室及废旧设备存放室，使教学实践空间保持整齐有序（图6.29）。

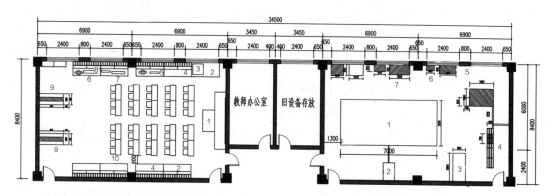

采油技能实训室（一）理论教学　　　　　　　　采油技能实训室（二）综合实践

采油技能实训室（一）设备： 1- 电教桌　2- 工具桌　3- 节流管汇 0.75×0.75　4- 置管架
5- 压井管汇 0.12×0.65　6-250 井口设置 0.55　7- 注水井口装置 0.16×0.95
8- 压裂井口 0.2×1　9- 抽油机模拟控制系统　10- 课桌椅

采油技能实训室（二）设备： 1- 采油矿场集输五站合一工艺教学实训平台　2- 控制台
3- 油试抽油机　4-CMZ-Ⅱ多功能摩阻测试装置　5-CL-Ⅱ型多功能智能岩心驱替试验装置
6- 气体导流能力测试仪　7- 垂直管流模拟实验装置

图6.29 采油技能实训室优化空间设计

2. 修井实训室

修井实训室是模拟地下修井实况，集教学、培训、职业技能鉴定于一体的多功能培训系统实训室。修井工的主要工作是维修故障井，恢复油井生产。修井实训室主要设备有立管管汇、管井管汇、防喷器控制台、阻流器控制台、修井模拟系统、控制台、悬重表等设备，模拟地下修井的工艺流程，训练学生掌握小修、大修等施工作业的实际操作技能。采用"理论＋实践"的教学模式更有利于学生掌握实践技能。

（1）影响因素

影响修井实训室的因素有以下几点：

①教学模式——教学模式和行为模式会影响实训空间的使用，不同的教学模式对实训空间的需求不同。

②设备使用——实训设备的使用对实训空间的影响很大，修井仿真模拟系统需要配合多媒体使用。

③学生数量——学生是实训空间的主要使用人群，学生数量决定实训空间使用的舒适程度，实训空间应该有合适的生均面积。

（2）设计模式

设计者应当根据设计院校的教学模式需求，设计符合条件的实训空间，并且有一定的预留空间，满足实训室在发展过程中不断变化的需求。表6.11为某院校理实结合模式的实训空间与笔者绘制的理实结合的理想实训空间的对比分析。

修井实训室现有空间与优化空间对比分析 表6.11

	现有空间	优化空间
修井实训室		
尺寸面积	建筑尺寸（L×D×H）：10.8m×5.7m×3.3m 实训室面积：61.56 m²	建筑尺寸（L×D×H）：13.8m×8.4m×3.9m 实训室面积：115.92 m²
楼层	位于一层	建议楼层：任意楼层
功能分区	实训设备区＋理论教学区＋办公区； 教室十分拥挤，不利于教学	实训设备区＋理论教学区＋工具展示区； 教师办公区位于实训室旁边； 理论教学与实训设备分区明确
对比	现有空间十分拥挤，教学、实践、办公混合在一起，不利于教学	分区明确，附带小型工具展示区域，另设有准备室和办公室

（3）优化空间

修井实训室中的实训设备是一些较为敏感的电子模拟设备，需要防尘防灰，并且配合多媒体使用，调研过程中发现有些院校学生统一着装进行实践培训，学生提前穿好实训服再去上课，但有些院校实训设备保护不到位，实训设备较为破旧。应根据使用需求增加准备室，提供穿戴鞋套或者更衣的空间，学生穿戴后再依次进入实训室。修井实训室内部主要有三大板块,实训设备区、理论教学区、实训室两侧的工具展示区。修井实训室内为中小型设备,所以可以设置在任意楼层,若实训楼一层为大型设备且需要较高层高的情况下,建议修井实训室设置在二层及以上(图6.30)。

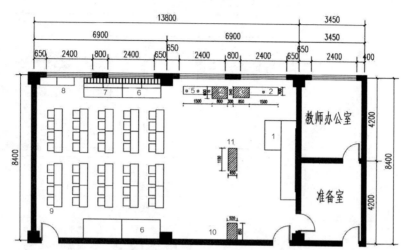

修井实训室设备: 1- 电教桌 2- 管井管汇 3- 防喷器控制台 4- 阻流器控制台 5- 管井管汇 6- 工具桌
7- 置管架 8- 文件柜 9- 课桌椅 10- 控制台 11- 修井模拟系统

图6.30 修井实训室优化空间设计

3. 钻井实训室

钻井实训室是钻井技术专业必修的一门实践课程,一般情况下钻井实训室和修井实训室、固井实训室、录井实训室位置较为靠近,都属于钻井技术专业所要掌握的技能。钻井是利用机械设备在地层上钻成一定深度孔眼的工程,实训室内模拟钻井工程的工艺流程,操作者通过操作仿真司钻操作模拟平台,在弧形屏幕上呈现钻井的全过程。钻井实训室的设备一般有立管管汇、节流管汇、井下控制系统软件、环形防喷器、压井管汇等实训设备,而且不同于普通的多媒体教学,钻井实训室需要特殊的弧形屏幕呈现画面。

(1)影响因素

影响钻井实训室的因素有以下几点:

①教学模式——理实结合的教学模式需要更大的实训空间,普通实训室不能满足需求,否则过于拥挤。

②设备使用——钻井实训室设备要求弧形屏幕,而且需要防尘防灰,学生进入教室统一着装能够减少灰尘的带入,延长实训设备的寿命。

③学生数量——影响实训室的主要群体是学生,在实训室内参与实践训练的学生数量直接影响实训室的使用情况,一般情况下学生分5~6组,每组5~6人进行分组实践,但教师讲解及操作时实训室需容纳一班学生。

(2)设计模式

钻井实训室不同于普通的实训教室,需要在原有的讲台位置设置大型的弧形屏幕,但因此带来实训空间的疏散问题。调研中发现,弧形屏幕遮挡了实训室其中一侧的门,使实训室仅有一个疏散口。表6.12为现有实训空间与笔者绘制的优化空间的对比分析，将实训室的门设置在学生较为集中的理论教学区域。

钻井实训室现有空间与优化空间对比分析　　　　表6.12

	现有空间	优化空间
钻井实训室		
尺寸面积	建筑尺寸（L×D×H）：18.75m×8.7m×3.9m 实训室面积：163.13 m²	建筑尺寸（L×D×H）：13.8m×8.4m×3.9m 实训室面积：115.92 m²
楼层	位于二层	建议楼层：任意楼层
功能分区	实训设备区＋理论教学区＋办公区； 办公区位于实践教学与理论教学中间，阻挡视线	实训设备区＋理论教学区； 教师办公区位于实训室旁边； 分区明确，有独立办公空间
对比	现有空间教学、实践、办公混合在一起，不利于教学，部分空间有浪费	分区明确，另设有准备室和办公室，空间紧凑合理

（3）优化空间

理实结合的教学模式提高了教学质量，但钻井实训室由于设备的特殊性，在现实院校的使用过程中或多或少存在问题，笔者在现有的实训空间上进行改进，合理化利用空间，将实训室分为两大区域，理论教学区和实践培训区，实训室的门设置在理论教学区域。由于设备需要防尘防灰，所以在钻井实训室的旁边配备准备室以供学生更衣、穿鞋套等，将教师办公区域单独设置，为教师提供更好的办公环境。钻井实训室内设备无特殊层高需求，可以设置在普通楼层的任意层。钻井实训室可以与修井实训室位置相邻，将这一系列实训空间设置在一起形成一套培训体系（图6.31）。

4. 钻井液实训室

钻井液实训室是主要培养学生进行钻井液的配置以及测定操作的实训空间。钻井液实训室与普通的实验室类似，但有其专业所需的实训设备，由于在钻井液的配置中会产生特殊气味，所以实验室需要有良好的通风系统。目前高职院校对实验后的钻井液废液处理不到位，导致实验配置产生的钻井液废液对环境造成污染，应统一收集后由教师进行处理，所以实训室需要有废液收集处。

（1）影响因素

影响钻井实训室的因素有以下几点：

①学生数量——实训空间的使用主体是学生，上课学生的数量决定了实训空间使用的舒适度，一般情况下2人一组进行实验，分15～20组，生均指标是衡量实训室使用舒适度的标尺。

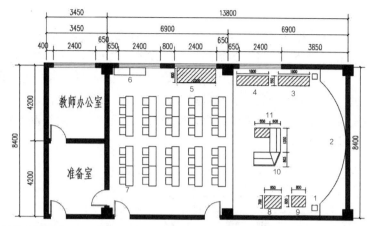

钻井实训室设备：1- 音响　2- 弧形屏幕　3- 节流管汇　4、5- 立管管汇　6- 文件柜
7- 课桌椅　8- 环形防喷器　9- 压井管汇　10- 井下控制系统软件　11- 交频钻机控制台

图6.31　钻井实训室优化空间设计

②学科建设——各个高职院校的学科建设重点不同，招生数量多少不一，对实训室的需求程度不同，所以在建设初期面积的差异化就体现出来。

③实验要求——钻井液配置实验需要良好的通风系统、上下水系统，以及钻井液废液处理处。

（2）设计模式

选取某校的钻井液实训室作为分析对象，实训室的两端为设备摆放区，实训室的侧面有黑板进行理论教学，但由于视线有遮挡且不集中，导致理论教学效率低。实训室是理论知识转化为实践技能的空间，提供一个良好的实训空间很有必要。表6.13为现有实训空间与优化空间的设计模式对比分析。

钻井液实训室现有空间与优化空间对比分析　　　　　　　表6.13

	现有空间	优化空间
钻井液实训室	![现有空间平面图]	![优化空间平面图]
尺寸面积	建筑尺寸（L×D×H）：18.5m×8.88m×3.9m 实训室面积：164.28m²	建筑尺寸（L×D×H）：18.75m×9m×3.9m 实训室面积：168.75m²
楼层	位于二层	建议楼层：任意楼层
功能分区	实训设备区＋实验教学区； 教学黑板位于实训室侧面，不利于教学； 有废液处理桶	实训设备区＋实验教学区＋仪器存放区； 教学黑板位于实训室正前方，实训设备集中存放，有废液处理处，另附有准备室
对比	教学视线较差，设备摆放不集中，通风排气较为良好	分区明确，配备实验准备室，实训室内有良好的通风系统，并且有废液处理处

（3）优化空间

钻井液实训空间需要容纳学生操作的实验台，实验需要有良好的通风系统、上下水系统，并且需要钻井液废液处理处。笔者在此基础上进行改进，调整理论教学方向，将实训设备区域放置在教室一端，并且留出一角专门用于钻井液收集，在原有黑板处放置实训仪器存放柜，方便仪器保存，并且在实训室一侧设有准备室，为教师提供操作准备区域。钻井液实训室可设置在任意楼层，需要注意上下水系统，实训设备为中小型设备，对层高无特殊要求，可以设置在任意楼层（图6.32）。

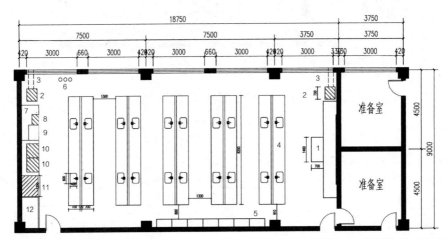

钻井液实训室设备：1-讲台 2-动力柜 3-通风管 4-实验台 5-仪器柜 6-氮气罐 7-工具桌
8-501 超级恒温水浴 9-电热鼓风干燥箱 10-滚子加热炉 11-DHG9626 型电热鼓风干燥箱 12-废液处理处

图6.32 钻井液实训室优化空间设计

5. 大型实训车间

石油工程类专业实训项目种类繁多，各个高职院校的学科建设重点不同，学校的管理模式也不同，一些学校的实训室在另一些学校就变成了实训车间的形式，导致实训空间存在差异化。普通的实训室不能满足大型实训设备的使用要求，就会采取大型实训车间的建筑形式，大型实训车间能够容纳更多的实训设备，能够模拟实际工作中的工艺操作流程，形成全面、系统的教学体系。一般情况下原油集输污水处理与注水工艺、酸化压裂工艺、固井井架起升模拟系统、钻井顶驱操作等需要较高的层高或者较为开阔的空间，实训车间的建筑形式较为符合设备的使用需求。

（1）影响因素

影响大型实训车间的因素有以下几点：

①实训项目——石油工程类专业的实训项目种类较多，有些实训项目是一个全面、系统的操作流程，需要有连贯的建筑空间容纳相应的实训设备。

②管理模式——院校的管理方式对实训空间有直接影响，统一的实训空间管理模式一般将需要特殊的实训设备也放置在实训楼内，在建设初期要求设计师设计符合设备所需的建筑

高度，有些则将全校所有的大型实训设备统一集中管理，设置实训基地，不同专业分布在相应的实训车间。

③设备尺寸——实训设备的尺寸决定实训空间的大小和实训空间的高度，大型设备需要较大、较高的建筑空间，实训车间可以解决普通建筑无法容纳大型实训设备的难题。

④设备数量——实训设备的数量多少决定实训空间的大小和使用舒适度，例如酸化压裂实训设备数量较多，放在实训室内造成实训空间拥挤，很难进行实践教学和操作，但设置在实训车间内的实训空间则较为舒适。

⑤教学模式——传统的教学模式面临改革，现有的建筑空间仅能容纳实训设备，进行实践操作，采用理实结合的教学模式导致空间较为拥挤，并且不利于长期教学，应当根据院校的教学模式设计实训空间。

⑥学生规模——学生数量决定实训空间的生均指标。

（2）设计模式

以上可以看出影响大型实训车间的因素很多，各院校的实训车间差异较大。根据使用的典型性实训设备的使用空间绘制实训车间的优化方案，分别是原油集输注水、酸化压裂实训车间和钻井、固井平台实训车间（表6.14，表6.15）。

原油集输注水、酸化压裂实训车间优化空间分析　　表6.14

序号	实训室名称	建筑尺寸（L×D×H）	实训车间面积	设备数量
A	原油集输注水、酸化压裂实训车间	42.1m×17.2m×7.4m	724.12m²	19

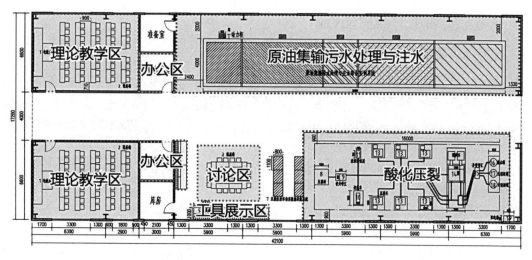

主要功能	1. 原油集输污水处理与注水工艺； 2. 酸化压裂工艺； 3. 理论教学＋讨论区
优点	容纳特大型实训设备，模拟仿真实际生产流程布置。先进行理论知识学习，然后再进行实践训练，功能分区明确，空间利用合理

序号	实训室名称	建筑尺寸（L×D×H）	实训车间面积	设备数量
B	钻井、固井平台实训车间	30m×12.9m×5.2m	387m^2	10

钻井、固井平台实训车间优化空间分析　　表 6.15

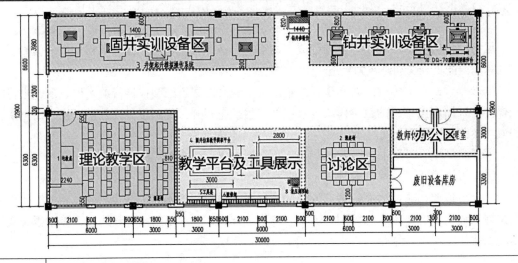

主要功能	1. 钻井顶驱实践训练； 2. 固井井架起升模拟系统实践训练
优点	实训设备分片区布置，实训平台集中设置，增加理论教学区和讨论区，教师办公区位于实训车间一侧，预留废旧设备库房

6.6 实训用房面积配置研究

6.6.1 实训用房的面积研究

实训用房建筑面积的使用合理与否关系着实训空间的教学质量，同时实训用房的建筑面积也是衡量生均指标的变量之一。实训用房按照仿真性、模拟性的标准建设，需要有合理的实训单元面积和理论教学面积，研究实训用房的建筑面积有助于院校在建设实训中心时作为参考。

1. 影响实训用房面积计算的因素

影响石油化工类实训用房面积的因素有实训设备、教学模式、行为模式、学生数量，其中学生数量是主要因素。

石油工程类各个专业的学生数量不同。调研时发现，班级人数最少的为 21 人，最多的为 61 人，但多数班级人数在 35～45 之间。实际使用人数不同对实训用房面积需求不同。

调研中通过访问得知实训用房面积是按照每班 40～45 人的标准建设，在实际教学中，学生一般统一进行理论教学，然后分组进行实践操作，如果班级人数较多，则按照课时时间分组分次进行，超过 50 人的班级相对较少，一般情况下人数较多的班级会分为两大组分批教学。

2. 石油工程类专业各类实训用房面积计算

在上文中，笔者根据不同类型的实训用房绘制相应的优化空间，以改善调研中采取理实结合教学模式院校的教学面积不足的情况。根据教学内容的需求，优化实训空间基本分为三部分，理论教学区、实训设备区、工具展示区，理论教学区按照标准人数 40 人设计。以下为优化空间的各类实训用房使用净面积计算的详细信息：

1）采油技能实训室

（1）采油技能实训室（一）理论教学

采油技能实训室（一）内实训设备共 2 个，容纳人数为 40 人，工具展示桌有 9 个（图 6.29）。

短边计算：操作空间＋设备尺寸＋操作空间

（2280×2＋800×2）＋2000＝8160（mm）

长边计算：设备尺寸＋操作空间＋座位后排距离＋理论教学区＋讲台区域

2200＋2410＋600＋6050＋2300＝13560（mm）

使用净面积：8.16×13.56≈110.65（m²）

优势：视线均好性，操作空间合理。

（2）采油技能实训室（二）实训教学

采油技能实训室（二）内实训设备共 9 个，容纳人数为 40 人（图 6.29）。

短边计算：操作空间＋设备尺寸＋操作空间

1000＋5610＋1650＝8260（mm）

长边计算：距墙距离＋设备尺寸＋操作空间＋设备尺寸＋操作空间＋设备距墙距离

1200＋7000＋1200＋900＋1560＋1700＝13560（mm）

使用净面积：8.16×13.56≈110.65（m²）

优势：中小型实训设备顺墙布置，大型设备居中，空间合理，综合性强。

2）修井实训室

修井实训室内实训设备共 6 个，工具展示桌为 4 个，文件柜为 2 个，双人课桌椅为 20 个，容纳人数为 40 人（图 6.30）。

短边计算：工具桌＋纵向距离＋课桌椅＋纵向距离＋课桌椅＋纵向距离＋工具桌

1000＋600＋2200＋560＋2200＋600＋100＝7260（mm）

长边计算：座位后排距离＋理论教学区＋实训区域

600＋6050＋6910＝13560（mm）

实训室净面积：8.16×13.56≈110.65（m²），

准备室净面积：3.21×3.96≈12.71（m²）

使用净面积：110.65＋12.71＝123.36（m²）

优势：视线均好性，操作空间合理。

3）钻井实训室

钻井实训室内实训设备共 7 个，文件柜为 2 个，双人课桌椅为 20 个，容纳人数为 40 人（图 6.31）。

短边计算：距墙距离＋设备尺寸＋设备距离＋设备尺寸＋设备距离＋设备尺寸＋距墙距离

500＋600＋1700＋2100＋2210＋550＋500＝8160（mm）

长边计算：座位后排距离＋理论教学区＋实训区域

600＋6050＋6910＝13560（mm）

实训室净面积：$8.16×13.56≈110.65$（m^2）

准备室净面积：$3.21×3.96≈12.71$（m^2）

使用净面积：$110.65+12.71=123.36$（m^2）

优势：视线均好性，操作空间合理。

4）钻井液实训室

钻井液实训室内实训设备为7个，钻井液收集处1个，仪器存放柜为7个，容纳人数为40人（图6.32）。

短边计算：实验台距墙距离+实验台+实验台距墙距离

$1280+6200+1280=8760$（mm）

长边计算：设备尺寸+操作空间+实验台尺寸+实验台操作单元距离+实验台与黑板距离

$1000+1760+1500+2800×4+3050=18510$（mm）

实训室净面积：$8.76×18.51≈162.15$（m^2）

准备室净面积：$3.51×4.26≈14.95$（m^2）

使用净面积：$162.15+14.95=177.1$（m^2）

优势：操作空间合理，室内通风良好。

5）原油集输注水、酸化压裂实训车间

原油集输注水、酸化压裂实训车间内特大型实训设备为2组，中小型实训设备为5个，工具展示桌5个，理论教学区为2个，容纳班级数为2个，容纳总人数为80人，根据教学安排，有时候分组操作，分组操作使用人数为40～80人（图6.33）。

短边计算：理论教学区尺寸+疏散出入口+理论教学区尺寸

$6600+4000+6600=17200$（mm）

长边计算：理论教学区尺寸+库房尺寸+讨论区和工具展示区尺寸+特大型设备操作区尺寸

$9200+3000+11100+18840=42140$（mm）

建筑面积：$17.2×42.14≈724.8$（m^2）

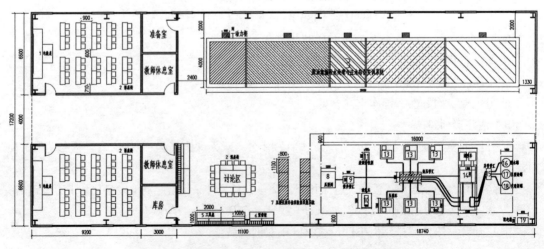

图6.33 原油集输注水、酸化压裂实训车间平面布局

优势：设置理论教学区域，实训操作区模拟生产现场流程，先进行理论教学，后进行实践操作。

6）钻井、固井平台实训车间平面布局

钻井、固井平台实训车间内大型实训设备为 2 组，教学模拟平台为 2 个，工具展示桌为 3 个，理论教学区为 1 个，容纳班级为 2 个，容纳总人数为 80 人，根据教学安排，有时候分组操作，分组操作使用人数为 40~80 人（图 6.34）。

短边计算：理论教学区尺寸＋疏散出入口＋操作空间＋设备尺寸＋距墙距离
　　　　　6300＋2930＋600＋2370＋600＝12800（mm）

长边计算：理论教学区尺寸＋教学模拟平台展示区尺寸＋讨论区尺寸＋附属用房尺寸
　　　　　9000＋9000＋5900＋6100＝30000（mm）

建筑面积：12.9×30＝387（m²）

优势：功能分区明确，各区域不互相干扰。

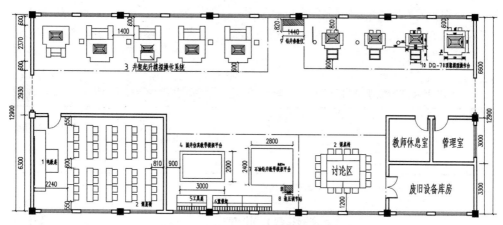

图 6.34　钻井、固井平台实训车间平面布局

3. 石油工程类专业实训用房面积建议值

根据上述的详细信息统计石油工程类专业各类用房的使用净面积，根据 2012 年的《高等职业学校建设标准》征求意见稿二中的折算系数 K 值为 0.6 计算出各类实训用房的面积参考值。其中实训车间为独立建筑，不予折算，普通实训用房设计面积按照标准班级 40 人的使用面积，大型实训车间内包含多个实训项目，根据教学课程安排和实训项目确定使用人数，笔者绘制的大型实训车间内均为两种实训项目，容纳班额均为 2 个班级，一般特大型实训设备操作时分组进行，所以实训空间的使用人数为 40~80 人之间。表 6.16 为各类实训用房面积建议值。

石油工程类专业各类实训用房面积建议值　　　　表 6.16

实训室名称	实训用房净面积 S（m²）	折算系数 K	折算后面积 S（m²）
采油技能实训室（一）	110.65	0.6	184.4
采油技能实训室（二）	110.65	0.6	184.4

实训室名称	实训用房净面积 S（m²）	折算系数 K	折算后面积 S（m²）
修井实训室	123.36	0.6	205.6
钻井实训室	123.36	0.6	205.6
钻井液实训室	177.1	0.6	295.2
原油集输注水、酸化压裂实训车间	724.8	—	724.8
钻井、固井平台实训车间	387	—	387

6.6.2 实训用房生均指标研究

1. 现行生均指标

现行的生均指标中是按科类分和按学校类别分两种规定，但都是统一大类下的生均指标，并没有具体到相应专业的实训用房生均指标上面。本文主要研究石油工程类专业的实训用房，石油工程类专业为工科类专业。所以表 6.17～表 6.19 只罗列按科类分的工科实验室实习场所及附属用房相关数据。

工科实验室实习场所及附属用房（不含计算中心）规划建筑面积指标（m²/生）　　表 6.17

科别	学科自然规模							研究生补助标准
	300	500	1000	2000	3000	4000	5000	
工科	—	12.93	11.05	9.53	8.77	8.28	7.93	2.00

资料来源：1992 年颁布的《普通高等学校建筑规划面积指标》

工科实验室建筑面积指标（m²/生）　　表 6.18

科别	学科自然规模								研究生补助标准
	500	1000	2000	3000	4000	5000	10000（8000）	15000	
工科	12.93	11.05	9.53	8.77	8.27	7.93	7.26	7.15	6.00

注：（ ）括号内数字为 8000 人指标。

资料来源：2008 年颁布的《普通高等学校建筑面积指标》（报批稿）

制造类教学实训用房及场所建筑面积指标（m²/生）　　表 6.19

科别	学科自然规模							
	500	1000	2000	3000	4000	5000	8000	10000
制造类	14.52	12.4	10.7	9.84	9.28	8.9	8.3	8.15

资料来源：2012 年颁布的《高等职业学校建设标准》（征求意见稿二）

2012 年颁布的《高等职业学校建设标准》（征求意见稿二）的条文说明中指出："按照不同专业教学需要和各专业理论教学与实训教学比例不同，理论教学与实训教学用房可分可合。"各专业主要教学实训用房及场所单位使用面积，依据调研和资料分析设定如表6.20所示。

制造类教学实训用房及场所建筑面积指标（m²/生）　　表6.20

专业名称	代表性用房	使用面积（工位、座、m²）	备注
制造类	实训车间	15.0	平均安排2.5个学生

资料来源：2012年颁布的《高等职业学校建设标准》（征求意见稿二）

2. 石油工程类专业生均指标的影响因素

影响实训用房生均指标的因素有教学模式、学制、专业规模，实训用房的生均指标计算公式如下：

$$实训用房生均面积 = \frac{实训用房建筑面积}{使用人数}$$

从上述的公式可以看出，实训用房的生均面积主要和实训用房的使用面积和使用人数有关。

3. 调研院校的生均指标分析

（1）教学实训用房

教学实训用房的面积包括公共课教室、专业教学实训实验实习用房及场所、系及教师办公用房，表6.21为调研院校教学实训用房粗略统计，包括实训车间的使用面积。

调研院校教学实训用房面积生均指标汇总表（包含实训车间面积）　　表6.21

学校名称	学校类别	办学规模（人）	石油工程系规模（人）	石油工程系实训用房面积（m²）	生均面积（m²/生）
YA高职	工科	7907	1857	6289.8	3.4
天津GC高职	综合	8000	1300	3955.5	3.1
天津SY高职	工科	4500	1500	3421.9	2.3
承德SY高专	综合	12000	1000	5260.2	5.3
渤海SY职校	综合	8000	1100	1520.0	1.4

根据2012年颁布的《高等职业学校建设标准》（征求意见稿二）中教学实训用房建筑面积生均指标中的规定，"工科类5000人办学规模的生均指标为11.51m²/生，8000人的生均指标为10.85m²/生，综合（2）类8000人办学规模生均指标为10.03m²/生，10000人的生均指标为9.61m²/生。"从表6.21可以看出，调研院校的教学实训用房面积生均面积均偏小。

（2）各类实训用房

2012年颁布的《高等职业学校建设标准》（征求意见稿二）中针对专业教学实训实验实习用房及场所按照专业和学校类别分别做了相关规定，本文主要研究按照专业分类的实训用房生均指标。

表6.22为调研院校的生均指标现状，其中实训建筑面积按照2012年的《高等职业学校建设标准》征求意见稿中的K值为0.6计算。

其中普通实训用房 $S_{折算面积}＝S_{实训室面积}÷K$，生均指标$＝S_{折算面积}÷$学生人数（40 人）。

由于实训车间是独立的建筑，故不进行面积折算。其中 YA 职校实训车间与化工系合设，建筑面积为 $1054m^2$，可供三个班使用，共计 120 人。特大型设备一般分组操作，实际操作人数为 60～120 人。TJSY 职校实训车间为一个班使用，为 40 人，实际操作人数为 20～40 人。实训车间生均指标单位为 $2.5m^2/$ 生。表 6.22 为五所院校石油工程系实训楼调研实训用房生均指标汇总（表 6.22）。

五所院校石油工程系实训楼调研实训用房生均指标汇总表　　　表 6.22

院校	序号	实训用房名称	长（m）	宽（m）	高（m）	实训室面积（m²）	折算面积（m²）	生均指标（m²/生）
YA 职业技术学院	1	采油技能实训室	12.6	8.1	3.6	102.1	170.2	4.3
	2	修井实训室	10.2	8.1	3.6	82.6	137.7	3.4
	3	采油采气实训室	10.2	8.1	3.6	82.6	137.7	3.4
	4	录井实训室	12.6	9.6	3.6	120.9	201.5	5.0
	5	钻井综合实训室	12.6	8.1	3.6	102.1	170.2	4.3
	6	钻井液实训室	12.6	9.6	3.6	120.9	201.5	5.0
	7	合设实训车间	65.9	16	7.4	1054	1054	22
TJCG 职业技术学院	8	采油技能实训室	16.8	7.5	3.6	126	210.0	5.3
	9	修井实训室	12.6	6.1	3.6	76.9	128.2	3.2
	10	钻井实训室	12.6	9.8	3.6	123.5	205.8	5.1
	11	固井实训室	12.6	6	3.6	75.6	126.0	3.2
	12	录井实训室	12.6	6	3.6	75.6	126.0	3.2
	13	钻井液实训室	12.6	5.7	3.6	71.8	119.7	3.0
	14	钻井平台实训室	12.6	7.5	3.6	94.5	157.5	3.9
	15	机泵一体化实训室	12.6	6.1	3.6	76.9	128.2	3.2
TJSY 职业技术学院	16	采油技能实训室	8.7	6	3.3	52.2	87.0	2.2
	17	修井实训室	10.8	5.7	3.3	61.6	102.7	2.6
	18	采油综合实训室	10.8	8.4	3.3	90.7	151.2	3.8
	19	钻井综合实训室	13.5	12.3	3.3	166.1	276.8	6.9
	20	压裂酸化实训室	13.6	7.2	3.3	97.9	163.2	4.1
	21	油品计量分析实训室	10.8	8.4	3.3	90.7	151.2	3.8
	22	固井平台实训车间	14.7	12	5.2	176.4	176.4	11.0
CDSY 高等专科学校	23	采油技能实训室	15	8.7	5.2	130.5	217.5	5.4
	24	采油计量注水实训室	22.2	8.9	5.2	197.6	329.3	8.2
	25	采油中央控制实训室	19.2	11.8	5.2	226.6	377.7	9.4
	26	采油集输实训室	18.8	8.7	5.2	163.6	272.7	6.8

院校	序号	实训用房名称	长（m）	宽（m）	高（m）	实训室面积（m²）	折算面积（m²）	生均指标（m²/生）
CDSY 高等专科学校	27	钻井综合实训室	18.8	8.7	3.9	163.6	272.7	6.8
	28	钻井液实训室	18.5	8.9	3.9	164.7	274.5	6.9
	29	油田化学实训室	14.8	8.3	3.9	122.8	204.7	5.1
BHSY 职业学校	30	采油仿真实训室	20.2	9	3.6	181.8	303.0	7.6
	31	修井实训室	15.6	9	3.6	140.4	234.0	5.9
	32	集输仿真实训室	15.6	9	3.6	140.4	234.0	5.9
	33	计量脱水注水实训室	11.7	9	3.6	105.3	175.5	4.4

将表 6.22 的生均指标与 2012 年颁布的《高等职业学校建设标准》（征求意见稿二）中规定的生均指标进行对比分析发现，实际的实训用房生均指标均小于规定中的生均指标。而实训车间的生均指标由于使用设备不同，原油集输注水、酸化压裂实训车间的生均指标大于 $15m^2/2.5$ 生，固井平台实训车间的生均指标小于 $15m^2/2.5$ 生。

4. 生均指标的调节

根据前面所罗列的现行生均指标数据，以及调研分析数据，进行生均指标调节。从前文的计算中可以看出实训用房的生均面积计算公式为：

$$生均面积 = \frac{净使用面积}{K\ 值} \div 使用人数$$

其中，使用面积系数 K 值对生均指标的影响也很大，选取的 K 值不同导致生均指标的计算结果不同。教学实训用房一般包括公共课教室、专业教学实训实验实习用房及场所、系及教师办公用房等。所以需要在净使用面积的基础上除以使用面积系数 K，得出教学实训用房建筑面积。K 值＝净使用面积 ÷ 建筑面积。将现行生均指标的 K 值汇总如表 6.23 所示。

现行规范建筑面积系数 K 值汇总表   表 6.23

规范名称	适用对象	K 值	实施时间	备注
《普通高等学校建筑规划面积指标》	普通高校实验室规划建筑面积	0.65	1992 年	含厕所使用面积
《普通高等学校建筑面积指标》	普通高校按学科分实验室的建筑面积	0.6	2008 年	
《高等职业学校建设标准》（征求意见稿二）	按专业分的教学实训用房及场所建筑面积	0.6	2012 年	

从表 6.23 可以看出，2008 年颁布的《普通高等学校建筑面积指标》中的 K 值相比"92指标"减小，说明净使用面积在建筑面积的比重中降低。此外，根据《普通高校整体化教学楼群优化设计策略研究》中指出："整体化教学楼群的整体 K 值普遍不高，远低于传统教学楼和'92指标'。整体 K 值的控制应为在保证空间品质的条件下，有效提高 K 值，将空间质量与 K

值兼顾，从而使空间效益和经济效益达到双赢。……所以单一单元模式的整体化教学楼群K值的适宜范围可以再适宜廊宽下单元理论K值的范围基础上减少10%左右。多种单元模式的整体化教学楼群K值适宜范围，则在单一模式的基础上，考虑到多种模式的综合运用，高低搭配，其K值应大于50%。"

根据调研发现，教学实训用房所占实训中心建筑面积的比重为42%~58%，所以教学实训用房的折算系数K值为0.55。按照优化空间的净使用面积，推算相应实训用房的生均面积，其中实训车间为独立建筑，不予折算，且实训车间生均指标单位为2.5m²/生。具体生均指标如表6.24所示。

各类实训用房生均面积 表6.24

实训用房名称	净使用面积（m²）	建筑面积（m²）	使用人数（人）	生均指标（m²/生）
采油技能实训室（一）	110.65	201.18	40	5.03
采油技能实训室（二）	110.65	201.18	40	5.03
修井实训室	123.36	224.29	40	5.61
钻井实训室	123.36	224.29	40	5.61
钻井液实训室	177.1	322	40	8.05
原油集输注水、酸化压裂实训车间	724.8	724.8	80	22.65
钻井、固井平台实训车间	387	387	80	12.09

注：实训车间面积不予折算，实训车间的生均面积为2.5m²/生。

从表6.24可以得出，实训车间的生均面积较大，相比现行规范增大，普通实训室的生均面积介于5.03~8.05之间，相比现行生均指标缩小，理实结合的教学模式更能节省面积。设计者可根据实训项目选择相应的生均指标。依照2012年颁布的《高等职业学校建设标准》（征求意见稿二）中规定："采暖地区学校的各项建筑面积指标可在本指标的基础上增加4%或6%。"

6.7 本章小结

本章节对我国几所有代表性的公办高职院校的石油工程类专业实训空间进行调查研究以及分析，总结现有石油工程类专业实训用房的特点，从而探讨高职院校石油工程类专业实训空间的设计模式。结合调研及相关数据分析，对石油工程类专业实训空间的分类、空间设计和面积配置等方面进行研究，提出适应石油工程类专业实训用房的空间设计模式，对今后高职院校石油工程类专业实训用房的设计建设及研究提供可行性建议。

7 化工类专业实训空间设计研究

7.1 专业概况

7.1.1 化工类专业简介

"化工专业培养对各种化工及其相关过程和化学加工工艺进行分析、研究,并能较熟练地利用计算机技术进行过程模拟、设计的人才。主干课程:无机化学、有机化学、物理化学、分析化学、生物化学、化工原理、化工过程综合与分析、化工设备机械基础、化工热力学、反应工程、传递过程、分离工程等。化工专业是培养大中型化工生产、开发、设计总工程师和高级部门管理人员的摇篮。毕业生可以到化工、炼油、轻工、食品、生物、医药、环保、能源、军工等部门从事科学研究、工程设计、技术开发、软件开发和生产技术管理等方面工作。[①]"本研究选取研究对象为高职教育环境下的化工类专业,属于生化与药品大类下的化工技术类,注重实践技能,重点研究高职院校化工类专业实训空间。

7.1.2 化工类专业实训空间的现状问题

实训空间的建设直接关系化工类专业学生的实践水平,是他们顺利走上就业岗位的必要条件。当前化工类专业实训空间在建设方面主要存在以下问题:

(1)从规范指标来看,建筑设计师参考本科和高中学校的规划建设进行高职院校的规划布局,目前尚没有专门针对高职院校化工类专业实训基地建设的规范。

(2)从教学设备储备来看,高职院校化工类专业具有专业特殊性,实训设备对化工教育来说不可或缺,化工设备需要大量资金投入,目前高职院校普遍存在设备不足现象。

(3)从实训空间建设来看,招生人数的扩张与仪器设备的引入造成原有的实训室不能满足需求,实训空间在使用面积配置、功能布局上存在不足。

(4)从安全防范角度来看,化工类专业技能培训涉及到大型危险仪器的使用、特殊药剂的存放,目前高职院校普遍没有对危险仪器与特殊药剂存放设有专门的防范措施。

---

① 百度文库. 化工专业 [EB/OL]. 2017-5-24.

7.2 影响因素

影响化工专业实训空间的因素有教学模式、设备仪器、使用人数。其中主要的影响因素是使用人数对实训空间的要求。

实训空间的使用人数直接关系到实训空间的使用，实训课的安排基本采用分组的方式，每组人数因专业与设备数量的关系而动态变化，对实训空间有一定影响。

小型实验设备基本满足一人一台轮流使用，中型设备基本满足6~8人一组轮流使用，而大型实训基地设备可能一个学校才有一台，不同人数的使用模式对实训室的要求不同。

7.3 实例调研分析

7.3.1 YA职业技术学院

YA职业技术学院化工类专业的实训空间位于校园入口广场西侧11号楼B栋与C栋二层。化工实训基地位于校园最西侧，足球场北侧，建设有两个化工厂房，其中，蒸馏实训车间与石油工程专业实训车间共用；苯乙烯生产车间与其他专业共用。理论教学位置位于校园入口广场东侧，正对西侧实训楼（图7.1）。

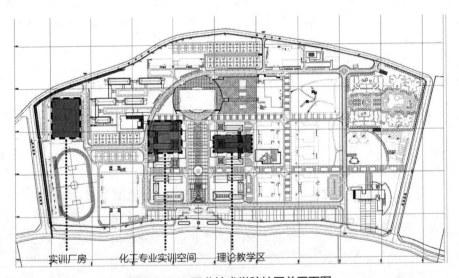

图7.1 YA职业技术学院校园总平面图

综合实训楼建于2009年，共六层，柱网尺寸为9m，总建筑面积为20460m²，化工实训室面积为18755m²。实训楼建设初期并没有参考化工专业仪器设备尺寸要求，其空间设计采用普通高校教室的设计模式，存在使用缺陷。

该实训楼的使用专业为畜牧兽医专业、化工专业、石油工程系，包含实训用房与理论教学用房（图7.2）。根据学生所在年级不同、实训科目分配实训室使用时间，化工基础实训室一年级学生使用较多，其他精细化工实训室为二年级以上学生使用。

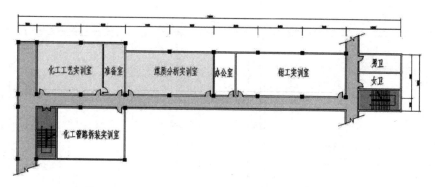

图 7.2 YA 职业技术学院综合实训楼标准层平面图

1. 一般实训室使用现状

（1）煤质分析实训室

煤质分析实训室净高 3.4m，梁高 0.7m，煤质分析实训室仪器高度对空间没有特殊要求。两组主要仪器在使用时分组使用，正对讲台的仪器桌陈列小型仪器，如天平、干燥瓶等，在使用时搬至教室中央的实验桌进行操作。6 台水池平均分布在教室南侧。实训室南向开三面大窗，北面走廊开高窗，高窗窗台净高 2m，窗户尺寸 1.8m×0.7m。实训室面积 63m²。煤质分析实训室仪器设备使用率低，部分仪器损坏未更换修整。在进行煤粉碎时，粉尘污染大，对人体有一定危害。并没有相关措施使学生在实训操作时避免粉尘污染。煤质分析实训室对水的需求并不多，6 台水池造成资源浪费（图 7.3）。

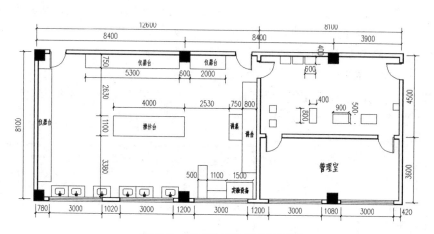

图 7.3 煤质分析实训室平面图

（2）化工单元操作实训室

化工单元操作实训室满足分组实验人数，实训室大小基本满足使用。单个实训设备靠墙摆放，不能满足学生全方位观测仪器。设备管线暴露在地面，没有保护措施（图 7.4）。

（3）仪器分析实训室

仪器分析实训室层高净高 3.4m，横梁高 0.7m，煤质分析实训室仪器高度对空间没有特殊

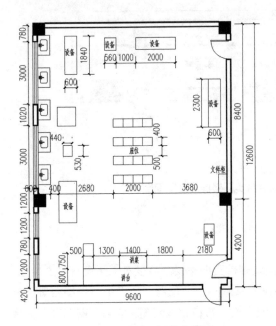

图 7.4　化工单元操作实训室　　　　　　图 7.5　仪器分析实训室

要求。该实训室北边和东边靠墙陈列专业仪器台,南边不均匀排布 6 台水池,中央放置三个仪器操作台与一台长 4m 宽 1.1m 的自由使用实验桌。实训室南向开三面大窗,北面走廊开高窗,高窗窗台净高 2m,窗户尺寸 1.8m×0.7m。实训室面积 121m²。使用评价:该实训室进行基础化工实验,仪器使用率较高,实训课程紧密。实训室中央三个操作台实验器皿陈列密度较高,存在安全隐患以及使用不方便(图 7.5)。

2. 实训厂房现状调研

甲苯歧化实训厂房建于 2014 年,钢框架,一层,柱网尺寸为 4.5m,总建筑面积 227m²。按照化工车间的要求进行布置。高窗采光,布置有甲苯歧化反应装置一台,操作台两个,水池一台,墙面上挂放工艺流程图,地面设有排水槽和线路,预留空间作为学生理论教学区,但没有配备座位(图 7.6)。

化工工艺实训厂房建于 2010 年,钢框架,一层,柱网尺寸 5.9m,总建筑面积 1054m²,化工实训面积 575m²。该实训厂房为化工专业与石油专业共用,放置 9 台实训设备,每台仪器配备操作台,整个实训空间配备总操作台。实训

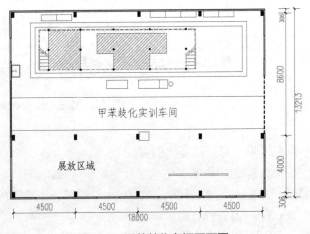

图 7.6　甲苯歧化车间平面图

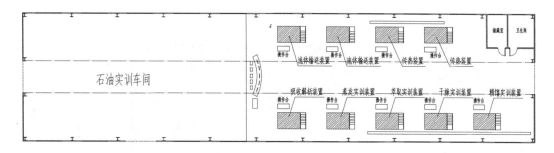

图 7.7 化工工艺实训室平面图

室主要用于化工精馏实训，厂房基本按照化工标准生产车间的方式进行室内设计，整体空间宽阔，有利于大型仪器摆放。地面有下水槽与管线，配备库房与卫生间，但用途不大，未设置相关的理论教学区。与石油专业实训区没有分隔，存在两个专业共同上课互相影响的情况（图 7.7）。

7.3.2　CD 职业技术学院

1. 化工专业实训楼现状

石油化工综合实训楼为框架结构，五层，柱网尺寸 7.5m，总建筑面积 15800m²，化工实训室面积 6010m²。化工专业与石油专业合用一栋实训楼，东部为石油专业实训用房，西部为化工专业实训用房。化工类实训用房主要分布在一层、二层、四层、五层，三层为办公用房。大型实训空间分布在一层，用连廊与一层其他实训室相连。该楼的使用专业为化工专业、石油工程系专业（图 7.8）。

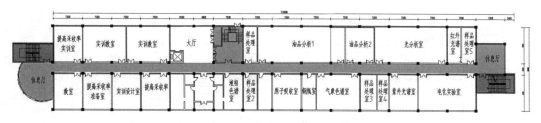

图 7.8　石油化工综合实训楼标准层平面图

2. 普通实训室使用现状

（1）油品分析实训室

油品分析实训室层高净高 5m，横梁高 0.6m，精化实训室仪器高度对空间没有特殊要求；该实训室布置 5 列实验台，实验台短边分别设一个水池，可供 32 名学生同时使用；实训室两个入口分别设一个水池，有专门存放药品与试剂的储藏柜和药品桌；实训室开四面大窗，窗脚设有通风设备；实训室面积 157m²。使用评价：实验台下的木质材料受潮腐蚀，水池部分没有上下水。仪器陈旧，使用率低；虽有专门的药品试剂存放柜，但是并没有做防潮处理（图 7.9）。

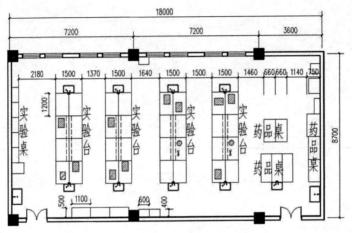

图 7.9 油品分析实训室平面图

（2）化工工艺实训室

化工工艺实训室层高 5m，梁高 0.6m，实训室面积约为 157m²。实训室内有大型仪器设备组，对空间有一定的特殊要求。实训设备组搭建在 2m 高的设备架上，设备架底部有 19 组发动机组，二层架上陈列一组反映装置。设备架旁边有 F1、F2 两个仿真反应炉，靠窗有部分零散实验设备通过管线与主要设备架仪器连接。实训室设有通风管道与抽风设备。

使用评价：实训室净高 4.4m，约等于设备最高高度。地面留有高于地面 0.2m 的上下水管容易绊脚，存在安全隐患。两个反应炉之间的距离只有 0.35m，仅仅满足一个人侧身通过，不方便以组为单位的教学演示。实训室虽然设有安全警告牌，但反应炉在工作时释放热量会使反应炉四壁温度升高，却并没有一定的保护措施（图 7.10）。

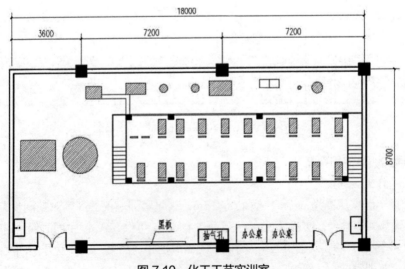

图 7.10　化工工艺实训室

（3）基础实验室一

基础实验室一层高净高 5m，横梁高 0.6m，精化实训室仪器高度对空间没有特殊要求；该实训室布置 4 列实验台，实验台短边分别设一个水池，可供 24 名学生同时使用；实训室两个入口分别设一个水池，有专门存放药品的试剂柜。此外，实训室配备教师办公室；实训室开四面大窗，每扇窗脚设有通风设备。实训室面积 151m^2。

使用评价：实验台间隔尺寸合理，水池边有橡胶膜防止铁皮生锈。仪器数量合理，满足以小组为单位的实训课教学。4 个通风设备满足实验课通风要求，没有准备室（图 7.11）。

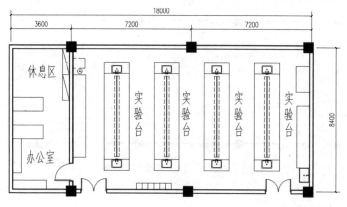

图 7.11　基础实验室（一）

（4）基础实验室二

基础实验室二层高净高 5m，横梁高 0.6m，精化实训室仪器高度对空间没有特殊要求；该实训室布置 4 列实验台，实验台短边分别设一个水池，可供 24 名学生同时使用；实训室两个入口分别设一个水池，有专门存放药品的试剂柜。此外，实训室配备教师办公室；实训室开四面大窗，每扇窗脚设有通风设备。实训室面积 151m^2。

使用评价：实验台间隔尺寸合理，水池边有橡胶膜防止铁皮生锈。仪器数量合理，满足以小组为单位的实训课教学。4 个通风设备满足实验课通风要求，没有准备室（图 7.12）。

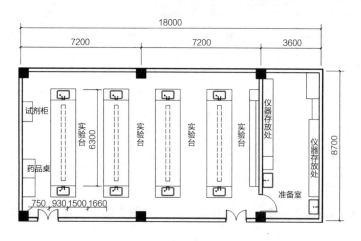

图 7.12　基础实验室（二）

（5）化工单元操作实训室

化工单元操作实训室设置6台仿真实训设备，每台仪器配备操作台，整个实训空间配备总操作台。靠窗部分陈列7台其他化工仪器配合实操课程，实训室主要用于化工精馏实训，整体空间宽阔，大型仪器摆放整齐，地面有下水槽与管线，设置有相关的理论教学区。存在空间浪费，理论教学区桌摆放不合理（图7.13）。

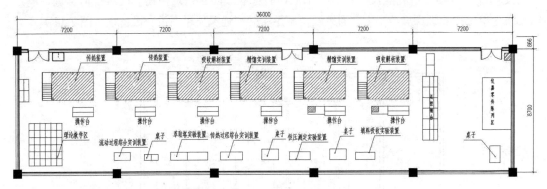

图7.13　化工单元操作实训室

3. 大型实训用房现状调研

甲苯歧化实训室建于2010年，框架结构，一层，柱网尺寸6.75m，总建筑面积680m²，甲苯歧化实训室面积135m²。功能划分为实训部分、总控室、配电室，实训部分布置有甲苯歧化反应装置一台，学生操作台两个，水池一台，墙面上挂放工艺流程图，地面设有排水槽，预留小空间作为学生理论教学区，但没有配备座位（图7.14）。

化工综合实训室建于2010年，框架结构，一层，柱网尺寸6.75m，总建筑面积680m²，化工实训室面积316m²。该实训室中间部分为实训操作区，两侧分别设有办公室和库房，实训部分布置有化工综合实训装置、化工仪器设备陈列区以及理论教学区，学生控制台两个，水池一台，墙面上挂放工艺流程图与操作指南（图7.15）。

图7.14　甲苯歧化实训室平面图

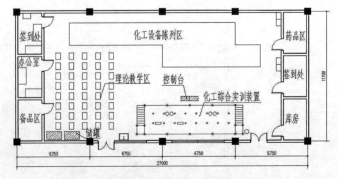

图7.15　化工综合实训室

7.4 实训空间规划布局研究

7.4.1 影响实训空间在校园规划布局中的因素

1. 实训设备运输

化工类实训空间规划布局需考虑化工设备与药品原料等的运输流线。仿真的大型化工设备尺寸较大，需要考虑避免干扰以及运输路线。

2. 实训噪声干扰

化工类专业在进行精馏萃取与甲苯歧化反应时有反应炉的震动与发热问题，加上这种类型的化工实训课程是化工专业学生的重要实训课程，课程持续时间长，为了避免对其他专业学生的影响，这种类型的实训用房应该考虑纳入实训厂房的规划中，避免与普通教学区和学生宿舍区距离过近。

3. 实训建筑形态的影响

化工类专业实训用房分为两种，一种是普通实训用房，一般与教学空间一起或者在普通实训楼上；另一种则是厂房，厂房相较于普通教学空间尺度较大，一般为一层，在实训厂房在校园中的位置时，需要着重考虑。厂房一般不作为高职院校校园规划的中心要素。

4. 风向影响

对于化工类专业，大多数实训课程在操作过程中会释放废气废水，而这些废气废水一般不做二次处理，实训室的抽风排风设备会将这些废气直接排放在空气中。高职院校在规划设计时，要考虑到风向的因素。

5. 校外人员使用的路径

化工类专业与市场的结合比较紧密，加上校企合作的关系，许多企业的培训、职业考试等会在高职院校进行，部分重点建设的化工专业与企业的生产挂钩，这样校外人员会不定期进入高职院校，规划布局需要考虑不同人员流线。

7.4.2 实训楼与校园规划的关系

根据化工专业的特点，结合调研，化工专业的实训楼在校园中主要有两种布局：一是实训楼紧邻理论教学区位于校园中心广场；二是实训楼与理论教学楼分开布置位于校园一角。

1. 位于校园中心广场

从学科建设角度看，实训楼与理论教学楼共同规划在校园中心广场，体现高职院校理论与实践并重的教育思想；从使用上来看，位于校园中心广场的实训楼，实训项目对理论教学的影响较小，一般为基础实训室，无大型设备运输以及实验废水废气的排放，并且这类实训课程频繁，紧密联系理论教育；从规划建设上来看，位于校园中心广场的实训楼考虑与周边建筑的关系，其理论教室与实训室之间的交通路线较为适宜（图7.16）。

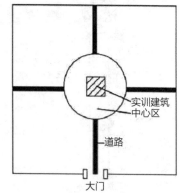

图7.16 实训楼位于校园中心区

2. 位于校园一角

规划中将实训楼放在校园一角主要是考虑实训楼的使用，这类实训楼内的实训课一般在实训过程中会产生噪声，影响理论教学或其他实训课教学；有的实训过程中排放有害气体需要扩散，远离校园中心地带可以避免空气污染；有的实训需要的药品需要妥善保存，避免因为使用不当或贮藏问题造成危害。从规划建设上来看，这类实训科目设置在校园一角，一方面可以防止对其他教学区的影响；另一方面，需要考虑选址位于常年主导风的下风向，在实训楼层设置上，大中型设备位于底层，小型设备位于上层，以便于搬运（图7.17）。

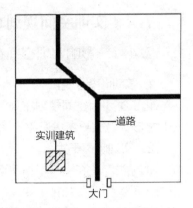

图 7.17　实训楼位于校园一角

7.4.3　实例分析

YA 职业技术学院实训空间位于校园中心广场一侧。中心两侧分别为理论教学区与普通实训楼以及行政办公区。化工类综合实训室位于校园主广场西侧，与石油工程、机械工程、畜牧业共用。实训工厂位于校园西北侧综合实训区域，周边分布数控、模具、焊接、汽车等实训厂房。化工理论用房区域位于校园入口广场东侧教学楼内，远离普通实训用房与实训厂房。

该布局优势在于实训厂房与实训楼分区设置，避免厂房设备运作产生的振动噪声对普通实训楼内实训课的干扰；实训厂房与实训楼不共用出入口，避免干扰。缺点在于实训室与理论教室分开设置，难以形成理实一体的教学模式；蒸馏实训厂房与石油工程实训厂房共用，造成教学干扰（图7.18）。

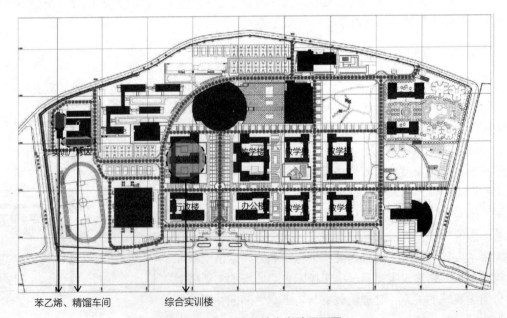

苯乙烯、精馏车间　　　　综合实训楼

图 7.18　YA 职业技术学院平面图

CD 石油高等专科学校实训室位于校园中轴线上，大型实训厂房位于中轴线末端，远离生活区与教学区，其他专业实训室位于教学大楼内，用楼层分割理论教室与实训室。化工类综合实训室位于校园主广场西侧，与石油工程、机械工程、畜牧业共用。实训工厂位于校园西北侧综合实训区域。化工理论用房区域位于校园入口广场东侧教学楼内，远离普通实训用房与实训厂房。

该布局优势在于实训室与实训厂房独立设置，避免对其他普通教学的噪声干扰；实训室与实训厂房独立设置，避免层高差异带来的建设难度；对普通教学干扰较大的专业实训室独立区域，形成规模化的实训基地，具有辨识度。劣势在于化工实训楼在理论教学楼与化工厂房之间，三者距离较远，不利于学生理论课结束后的实践操作。实训楼外场地作为石油工程专业室外实训场地，两个专业共同进行实训课时，会有噪声干扰（图 7.19）。

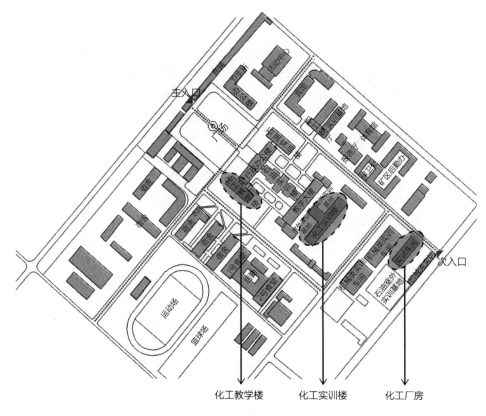

化工教学楼　　　　化工实训楼　　　　化工厂房

图 7.19　CD 石油高等专科学校平面图

7.4.4　实训用房在校园规划布局中的设计要点

1. 避免对教学区、生活区的干扰

化工类专业在进行精馏萃取与甲苯歧化反应时有反应炉的震动与发热问题，加上这种类型的化工实训课程是化工专业学生的重要实训课程，课程持续时间长，在校园规划布局中，

应该着重考虑这种类型的实训用房位置，避免与普通教学区和学生宿舍区距离过近，造成教学干扰。

2. 位于主教学区时，协调与其他专业间的关系

当校园规划不可避免将此类型实训空间与其他教学空间规划在一个区域时，可以考虑与此类专业影响相似的石油工程类专业以及机械制造类和交通运输类专业共同安排在相近的区域，这一区域与其他教学区形成动静分区，尽可能避免此类型的实训用房在进行实训课操作时对其他专业造成不必要的干扰。

3. 设置设备运输专用通道

化工类实训空间规划布局需考虑化工设备与药品原料等的运输流线。仿真的大型化工设备尺寸较大，需要专门的车辆将其运入校园，人工搬运进实训用房，整个过程对其他教学会有一定的影响。所以，实训用房在规划布局时可以考虑开辟一条独立通道作为化工原料、仪器运输的专门通道。

4. 位于主导风的下风向

部分进行化工生产的实训室在进行实训课时会释放有害气体或者产生异味，对校园环境有一定影响，因此，在校园规划时可以考虑将这种类型的实训空间放在下风向区，如果与其他实训空间存在组合关系，可以考虑与其他实训空间有一定的间隔。

7.5 实训空间构成及空间模式研究

7.5.1 化工类专业实训空间的分类

化工类专业实训科目的设置，需依据专业教学基本需求并考虑企业对化工人才的技术要求。高职院校实训分为校内实训与校外实训，校内实训包括基础实验实训、专业实训与分析检验实训。其中，基础实验与分析检测一般设置在普通实训楼中，专业实训一般设置在实训厂房中。

化工类专业的特殊性决定了其实训用房分类形式多样，基于实地调研分析与查找资料整理，对化工类专业实训用房进行分类，并着重分析实训空间在建筑形式上的现状及特点（图7.20）。

7.5.2 化工类专业实训空间分类形式

通过分析总结调研院校实训空间，按照空间形式，将化工类专业实训空间分为厂房形式与普通实训室。按照实训内容，可分为基础化工类实训室、单元操作类实训室、化工综合类实训室。按照设备尺寸，可将实训空间分为大型设备实训空间与中小型设备实训空间。根据空间关联性，划分为独立实训室与关联实训室（表7.1）。

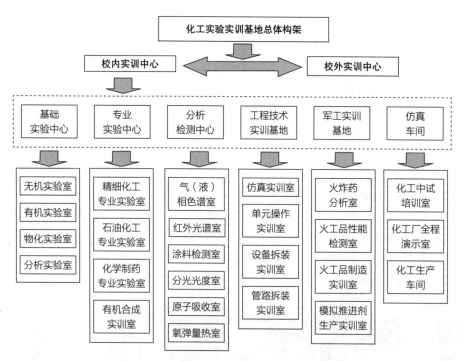

图 7.20　多功能化工公共服务实训平台框架图

化工类专业实训空间的分类　　　　　　　　　　　　　　　　　　　表 7.1

分类方式		特点
建筑形式	厂房	空间尺度大，实训区域可以根据使用情况自由划分
	普通实训室	空间尺度小，各个实训室根据需要划分柱网，互不干扰
实训内容	基础化工实训空间	基础化工实训包括仪器分析、石油产品分析、有机化学、精化
	化工单元操作实训空间	化工单元操作主要进行传热实训、精馏实训、吸收解析实训，设备尺寸对空间有一定特殊要求；实际建设中，一些院校将单元操作纳入实训厂房中，与对空间高度没有过多要求的实训室分开设置
	化工综合实训空间	该实训室将化工单元操作实训与其他基础实训室实训内容放在一起，以此解决实训空间短缺问题
设备尺寸	大型设备空间	大型设备主要是各种化工仿真设备，对空间尺度有一定要求
	中小型设备空间	中小型实训空间指各类基础实训室，实训设备高度在 3m 以下，尺寸相差不多，设备数量多并置于同一实训室内
关联性	独立实训室	独立实训室指单独使用，与其他实训室没有联系
	关联实训室	关联实训室指与其他实训室设备一起使用，属于一个实训项目不同时间段进行的操作

1. 普通实训用房

这类化工类实训用房一般对空间无特殊要求，多与其他专业共用实训楼，实训室面积较小，实训设备多为中小型设备，实训课教学模式一般为理论教学与实践教学分离的方式。

化工类专业一般设置基础实验、综合技能培训、仿真与计算机应用三种类型实训室。其中，基础实验与计算机应用仿真实训室一般为普通实训用房。普通实训用房内的化工单元操作与化工原理实训用房根据各院校化工类专业实训基地建设的情况，也可以放在实训厂房中。

2. 化工原理实训用房

化工原理实训课程以单元操作中的流体流动与输送、传热、精馏、吸收、萃取、干燥、过滤、蒸发、结晶等传质过程为主线，运用实验设备及装置开设基础训练性、综合设计性和创新研究性实训项目。实训室包括基础化学实验室、油品分析实训室、单元操作实训室、管线拆装实训室等。

3. 化工仿真与计算机应用实训用房

化工仿真实训室的作用在于利用计算机模拟化和控制生产过程，采用化工仿真实训可以使学生领悟单元操作的核心，模拟实训中无法实现的生产环节，训练学生的工程实践能力。化工仿真实训室内主要设备包括电脑桌椅以及计算机，对实训空间无特殊要求，所以属于普通实训用房（图 7.21）。

图 7.21　化工仿真与计算机应用实训室全景图

4. 厂房式实训用房

化工厂房一般采取"一"字形平面，或者以"一"字形平面为单元进行组合，平面布局简单自由，操作区一般布置化工工艺生产一条流水线上需要的所有设备，可划分出总控室与办公室。柱网尺寸根据跨度范围采用 3、30 或 60 的模数倍，厂房的跨度进深和高度由实际布局和工艺生产条件决定（图 7.22）。

图 7.22　实训厂房外景图

7.5.3　化工类专业实训空间的构成现状

化工类专业实训用房一般分为基础实验类实训室、分析检测类实训室、单元操作类实训室、仿真模拟类实训室、工艺生产类实训室五类。

基础实验类实训室与分析检测类实训室是化工类专业基础实训用房。单元操作类实训室主要用于培养学生对中型化工仪器的操作能力。仿真模拟类实训室是以计算机技术为媒介的网络实验室，属于普通实训用房。工艺生产类实训室一般为综合实训室，由多名学生共同协作完成，一般为厂房式。结合调研分析，化工类专业实训空间构成总结如表7.2所示。

化工类专业实训空间构成现状 表7.2

	实训室名称	功能	适用课程	实景照片
专业基础化工实训室	有机化学	培养学生对化工基础知识和基本原理的掌握能力	应用化工技术、有机化工生产、精细化学品生产、石油化工生产技术、炼油技术、工业分析与检验	
	无机化学			
	分析化学			
	物理化学			
专业综合实训室	精细化工工艺	对学生能从事化工生产、仪器操作等专业技术进行培训	应用化工技术、有机化工生产技术、精细化学品生产技术、石油化工生产技术、炼油技术、工业分析与检验	
	水污染控制			
	化工单元操作			
	苯乙烯生产			
	石油产品分析			
	精馏萃取			
附属用房	准备室	实训课程前仪器、药品存放室或作为教师办公室；储藏室用于废旧仪器储存	全部实训室	
	休息室			
	储藏室			

7.5.4 化工类专业实训空间组合方式

1. 内廊式

用房沿走廊两侧布置，走廊尽端一般设置楼梯间、卫生间与杂物间等附属空间（图7.23）。内廊式的空间布局方式节省交通面积，管线布置较为简单。因为部分化工实训药品需要在阴凉处避光保存，北侧可设置有药品储藏的实训室。对于通风采光要求高的实训室不建议采用内廊式布局。

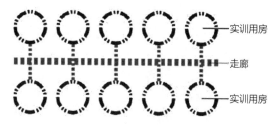

图7.23 内廊式

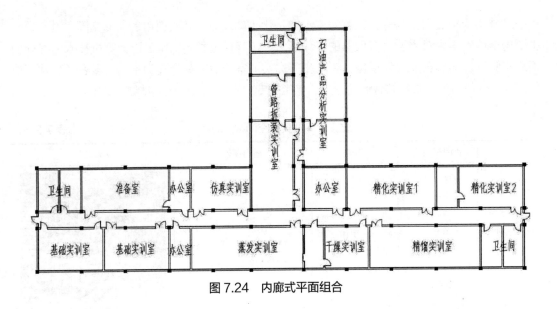

图 7.24　内廊式平面组合

以下以 TJ 石油职业技术学院化工实训楼为例，分析内廊式布局的优缺点（图 7.24）。

优点：各实训室之间联系紧密，准备室与实训室在内廊两侧布置不影响使用；内廊两端尽头设置入口，方便仪器设备药品运输；部分药品储藏室不能被阳光直晒，可以考虑内廊北向设置。

缺点：内廊通风采光条件差，化工实训室废气不易排放，造成空气污染；内廊宽度不够，办公室采光条件差；以学院为单位的实训用房组团单独设置，实训用房比较封闭。

2. 外廊式

用房沿走廊一侧布置，走廊尽端布置楼梯、卫生间与储藏室等辅助用房，这种组合方式布局简单，采光通风良好，交通方便，适用于仪器设备较大的实训空间与对采光通风要求高的实训空

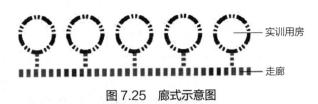

图 7.25　廊式示意图

间（图 7.25）。以延安 ZY 技术学院综合实训楼布置方式为例，分析该模式的优缺点（图 7.26）。

优点：化工工艺实训室与煤质分析实训室南向采光，利于废气排放；每层实训楼设置准备室与办公室，利于教师随时指导学生实训操作。

缺点：化工工艺实训室属于中大型仿真设备，一般设置在一层，便于搬运与维修，而该校设置在一层以上；准备室不专业，化学试剂药品随意放置在实训室内。

3. 串联式

串联式组合实训空间没有贯穿的交通空间，而是通过各个实训室相互连接在一起。这种组合方式适用于实训项目有关联性的实训室，方便有顺序地进行相关实训课程，对于其他无关联的实训课，此种组合方式在实训课期间会相互影响，化工专业的精馏实训课可以采用这

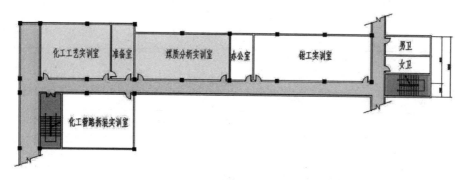

图 7.26　外廊式平面组合

种组合方式（图 7.27）。

4. 开放式

不同的实训课程在同一空间进行，需要独立空间的实训室可以用活动隔墙分离出空间，交通空间自由，适用于实训室面积较少、学生人数较多的院校，这种实训室的组合方式可以提高实训室的利用率，增进学生之间的交流，但是对于有一定危险的实训项目，不适用于开放式组合方式（图 7.28）。

化工类专业实训空间水平组合方式设计要点总结如下：

（1）化工工艺实训室与油品分析与检测实训室尽量放置在走廊尽头下风向区，避免对其他实训空间造成空气污染。保证良好的通风换气，以及仪器换新或者维修的便利性。

图 7.27　串联式示意图

图 7.28　开放式示意图

（2）化工基础实训室有配置准备室与更衣室的必要，准备室可以兼作教师休息室与药品储藏室，管理仪器设备与药品，避免学生乱用药品导致事故发生。

（3）如果是内廊式布局，考虑基础实训室设置在走廊以北，避免阳光直射药品，若为外廊式布局，尽量布置南向走廊。

（4）有关联性的实训项目，其空间可以考虑采用串联式布置。

7.5.5　化工类专业实训空间平面设计

1. 基础化工实训空间平面设计

实训区布局设计参考《室内设计资料集》中有关人在空间中活动所需要的基本尺寸，以及在调研中得出的实训空间实际使用人数，再确定实训空间内主要使用仪器占用空间情况，进行合理的空间布局，得出实训空间合理的布局模式。结合调研问卷中使用者对空间的使用感受，总结各实训室需要满足的功能如表7.3所示。

基础实验操作空间基本功能　　　　　　　　　　　　表7.3

准备间	功能	1. 可作为办公与讨论区； 2. 作为实训课前准备设备与药品
	仪器准备	药品柜、办公桌椅、水槽等
	备注	1. 基础实训室功能分区一般为内外两间，外间为学生实训室，教师在实训室内为学生实训课备实验用品；内间为教师休息室，也可作为教师办公室或重要设备存放处； 2. 准备室与实训室连通
基础化工实训操作间	功能	提供教师演示与学生模拟操作设备与空间
	仪器准备	实验台、通风橱、水池、凳子以及其他仪器
	备注	1. 层高比普通教室高，柱距比普通教学空间宽，以防后期实验设备增加、学生人数增加、增建通风管道需要； 2. 有机化工、无机化工、物理化工等专业实训空间尺度需求类似，不同之处在于所使用的仪器设备与化学药品的区别； 3. 实训室内需有通风换气管道
重要仪器操作间	功能	某些贵重仪器无法少量配备，实训课使用频率并不高时，单独存放，使用时单独开放此空间
	仪器设备	化工类专业仪器分析实训室内设备
	备注	1. 调研发现许多院校将此类设备直接存放在普通实训室内，靠墙排列； 2. 学生不了解该类实训设备，随手操作可能会造成仪器损坏
储存间	功能	存放实验用品、破损仪器、多余物品等
	备注	房间数量视情况而定

　　化工基础实训室重在培养学生对化学基础知识与基础实训设备的了解。实训室主要功能分区可分为：理论教学区、准备室、学生实训室、储存室。根据调研可知，目前许多院校化工基础实训室存在使用面积过小、仪器设备陈旧、数量不足以及实训空间功能分区不明确现象。根据实训时师生的行为模式，以及调研数据收集分析，提出空间优化设计方案（表7.4）。

基础化工实验室优化方案　　　　　　　　　　　　表7.4

类别	现有空间	

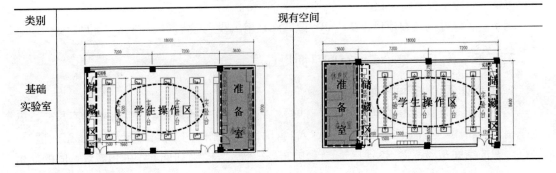

类别	现有空间
基础 实验室	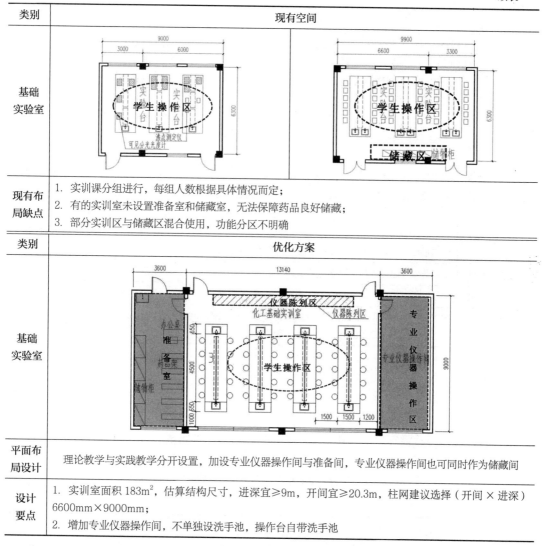
现有布 局缺点	1. 实训课分组进行，每组人数根据具体情况而定； 2. 有的实训室未设置准备室和储藏室，无法保障药品良好储藏； 3. 部分实训区与储藏区混合使用，功能分区不明确
类别	优化方案
基础 实验室	
平面布 局设计	理论教学与实践教学分开设置，加设专业仪器操作间与准备间，专业仪器操作间也可同时作为储藏间
设计 要点	1. 实训室面积 183m²，估算结构尺寸，进深宜≥9m，开间宜≥20.3m，柱网建议选择（开间×进深）6600mm×9000mm； 2. 增加专业仪器操作间，不单独设洗手池，操作台自带洗手池

2. 化工单元操作实训空间平面设计

化工单元操作也就是化工原理，指的是化学物理过程，它分别有流体输送、过滤、蒸发、蒸馏、吸收、干燥、结晶、冷冻等基本单元。化工单元操作与设备课程不同于自然科学中的基础学科，又有别于专门研究具体化工类产品生产过程的专业工艺课。它应用基础化学中的一些基本原理，来研究化工产品生产过程中共同遵循的基本规律和典型设备的一门技术基础课，是学生从基础课学习过渡到专业课学习的桥梁和纽带。

化工单元操作实训的目的在于帮助学生了解化工单元生产情况，掌握仪器设备操作技术以及培养学生动手能力。化工单元操作仪器具有相通性，其设备均为价值较高的中型设备，设备尺寸对空间有一定的要求。化工单元操作实训室空间一般划分为以下几个部分：理论教学区、准备室、单元操作间，其基本功能如表 7.5 所示。

化工单元操作实训室基本功能　　　　　　　　　表 7.5

准备室	功能	1. 提供教师课前准备休息空间； 2. 储藏部分实验药品
	设备	药品柜、办公桌椅、水槽等
	备注	1. 化工单元操作的药品存放在专门的药品储藏室内，教师在课前取药品并在准备室内准备好用量用于实践课； 2. 有些院校并不给化工单元实训室配备准备间
单元操作间	功能	1. 提供学生化工单元操作实训设备； 2. 进行部分课程讲解
	仪器设备	柏努利装置、离心泵装置、填料塔吸收实验装置、精馏装置、洞道干燥装置、流体流动阻力装置、传热装置、空气—蒸汽给热系数测定实验装置等各类专业仪器
	备注	1. 该实训室储存仪器设备较多并且设备最高高度在 3m，所以对实训室空间高度与尺寸有较大要求； 2. 该实训室在进行流体输送和分离提纯实训课时产生振动，噪声较大，进行传热实验课程时释放热量，所以该实训室应该配备通风换气管道并应优先考虑实训室位子
理论教学区	功能	重要的实训课程在学生操作之前要进行现场仪器讲解与设备操作示范
	设备	电教设备、移动白板、座位、讲桌
	备注	化工单元操作实训与化工厂工业生产设备使用关系密切，复杂的化工仪器使用需要配合工厂生产视频讲解，单个设备的操作方法需要现场讲解，而设备不易挪动需要移动白板辅助学生理解

　　根据调研可知，开设化工专业的高职院校均设有该实训室，但由于各个院校实训空间大小不一，设备数量不一，设备存放方式也不尽相同。部分院校存在设备陈旧，学生过多，实训设备不够用现象，有的实训空间与普通教室无异，未设置通风装置与排水管道。根据师生实训行为模式以及调研数据总结分析，提出空间优化方案（表 7.6）。

化工单元操作实训室主要设备需求　　　　　　　表 7.6

类别	现有空间
化工单元操作实训室	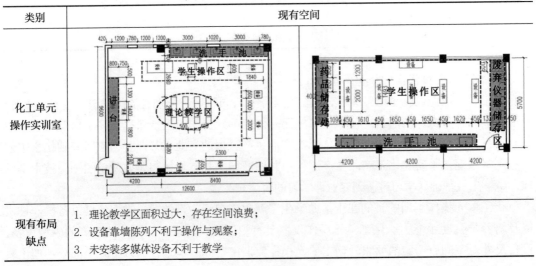
现有布局缺点	1. 理论教学区面积过大，存在空间浪费； 2. 设备靠墙陈列不利于操作与观察； 3. 未安装多媒体设备不利于教学

类别	优化方案
化工单元操作实训室	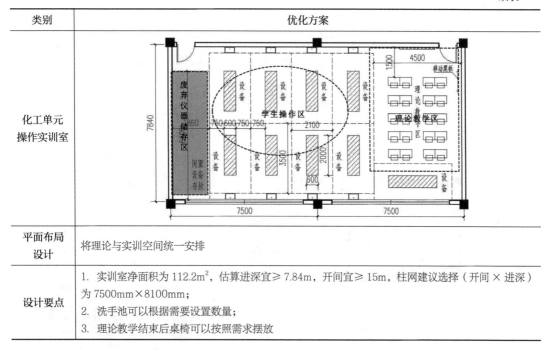
平面布局设计	将理论与实训空间统一安排
设计要点	1. 实训室净面积为 112.2m², 估算进深宜 ≥ 7.84m, 开间宜 ≥ 15m, 柱网建议选择（开间 × 进深）为 7500mm×8100mm； 2. 洗手池可以根据需要设置数量； 3. 理论教学结束后桌椅可以按照需求摆放

3. 油品分析实训室空间平面设计

油品分析主要是分析油品中的含水量、金属磨粒的含量等。其基本实训内容包括油品分析概述、油品取样、石油产品的主要技术要求及其分析检验方法，以及各个分析仪器的操作技能训练。该实训室适用于应用型、技能型人才培养，实训室内的设备也可供从事油品生产、经销、质检和分析等工作的技术人员使用。

该实训室内设备高度平均在 2m 以下，除个别仪器外，其余均陈列在操作台上，仪器价值较高，实训空间的内部设计要注意保护实训设备。化工单元操作实训室空间基本功能如表 7.7 所示。

化工单元操作实训室基本功能　　　　　表 7.7

油品分析实训室	功能	1. 为学生提供油品分析实验场地与设备； 2. 进行课程相关课程讲解； 3. 教师课间休息
	仪器设备	石油产品蒸馏测定仪、石油产品铜片腐蚀测定仪、酸度计、运动粘度测定仪 / 开口闪点测定仪、闭口闪点测定仪、密度测定仪、滤点测定仪、石油产品色度测定仪、石油产品水分测定仪、沥青延度测定仪、烘箱、实验台、椅子、换气扇等
	备注	1. 实训室不仅进行实训课，也进行理论课复习以及实训任务布置； 2. 该实训室内存放部分油品，易燃，危险性较高； 3. 该实训室进行部分分析实验，放出有害气体
油品储藏区	功能	专门存放油品以及部分实训设备
	设备	药品柜、实验桌
	备注	油品储藏区应注意遮阳，防止储油器皿渗漏，注意电路安全性

油品分析是化工专业的基础学科，掌握各类油品分析仪器操作方法是每个学生的基本实践任务，就调研情况来看，并不是所有的高职院校化工系都设置专门的油品分析实训室，有的高职院校由于仪器设备短缺，无法单独设置油品分析实训室，石油产品分析仪器与其他实训设备放置在一处。基于对油品分析实训室现状的分析，对其空间进行优化设计（表7.8）。

油品分析实训室优化设计　　　　　　　　　　　　　　　　表 7.8

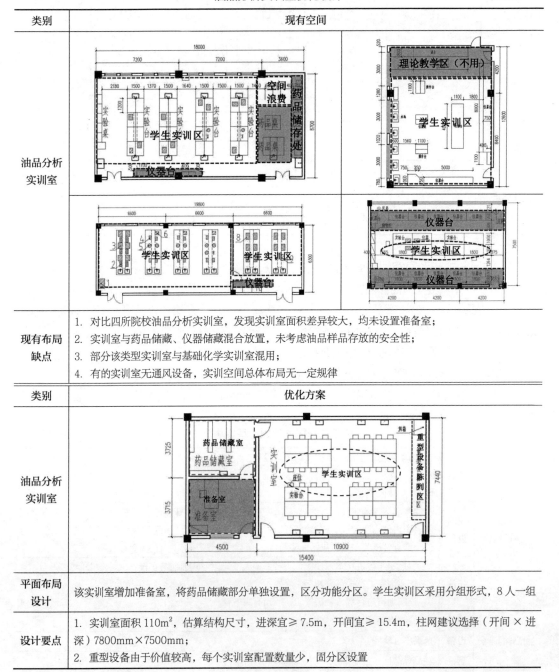

类别	现有空间
油品分析实训室	（见图）
现有布局缺点	1. 对比四所院校油品分析实训室，发现实训室面积差异较大，均未设置准备室； 2. 实训室与药品储藏、仪器储藏混合放置，未考虑油品样品存放的安全性； 3. 部分该类型实训室与基础化学实训室混用； 4. 有的实训室无通风设备，实训空间总体布局无一定规律
类别	优化方案
油品分析实训室	（见图）
平面布局设计	该实训室增加准备室，将药品储藏部分单独设置，区分功能分区。学生实训区采用分组形式，8人一组
设计要点	1. 实训室面积110m²，估算结构尺寸，进深宜≥7.5m，开间宜≥15.4m，柱网建议选择（开间×进深）7800mm×7500mm； 2. 重型设备由于价值较高，每个实训室配置数量少，固分区设置

4. 精馏实训室空间平面设计

在化工单元操作的各个实训课程中，精馏课程是一项十分重要的课程，精馏是指把混合液体利用蒸发温度不同而分离并冷却再提取，并进行提纯的一种单元操作。如今，精馏已经广泛应用在工业生产中。精馏分离实验是化工类专业学生必须熟练掌握的一门实训操作，其理论知识比较复杂，实训过程繁多。相比其他的化工单元操作实训课程，精馏的重要性与复杂度都是最大的。

由调研可知，高职院校精馏实训设备尺度较大，对空间尺度要求较高，设备一般为拆装搬运至实训室后再进行组装。部分院校由于条件所限，将实训用房设置在几间普通教室内。精馏实训室内部空间一般包括准备室、精馏实训操作区、药品储藏间、储藏间以及理论教学区五部分（表7.9）。

精馏实训空间介绍 表7.9

准备间	功能	1. 给学生提供进实训室前穿戴鞋套与防护手套的空间； 2. 可以作为课间讨论或者休息空间
	仪器设备	衣柜、座位、储物柜、水槽
	备注	1. 准备室一般男女各一间； 2. 一般设两个出入口，一个连接室外走廊，一个可以做实训室入口
精馏实训操作区	功能	该区域是精馏实训室内最重要的部分，主要作为学生进行精馏实验操作和教师在实训前演示区
	仪器设备	精馏塔设备、干燥操作设备、萃取实验设备、蒸发设备、吸收解析装置、流体输送装置、传热装置等
	备注	1. 实训室应注意柱高和开间进深尺寸，方便仪器搬运与学生使用； 2. 实训室应注意采光通风，便于实验产生的热量与废弃排放； 3. 实训室应注意地下排水管线布置，实训中会产生大量废水； 4. 实训室作业时产生振动与噪声，应注意考虑实训室的位置
药品储藏间	功能	1. 存储实验所需的药剂； 2. 存放部分废弃仪器零件
	仪器设备	药品架、药品通风柜、储藏柜等
	备注	1. 蒸馏实验主要提纯乙醇，易燃，应注意遮光保存； 2. 其他药剂注意防潮
储藏间	功能	存放废弃仪器
	仪器设备	储物柜、损坏的仪器、废弃油桶等
	备注	储藏区对于该实训室来说不是很重要，条件不允许可以不设置
理论教学区	功能	1. 实训课前进行操作讲解； 2. 实训课后总结学生操作情况与布置课后任务
	仪器设备	课桌、座位、移动白板、电教设备
	备注	理论教学区的大小可以根据学生人数设定

基于调研对蒸馏实训室现有空间的分析，并提出空间优化方案（表7.10）。

精馏实训室平面优化方案　　　　　　　　　　　　　　　　表7.10

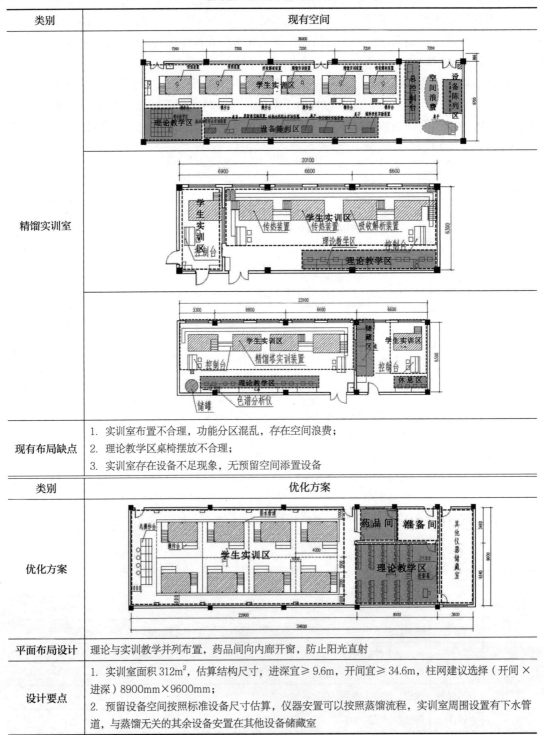

类别	现有空间
精馏实训室	
现有布局缺点	1. 实训室布置不合理，功能分区混乱，存在空间浪费； 2. 理论教学区桌椅摆放不合理； 3. 实训室存在设备不足现象，无预留空间添置设备

类别	优化方案
优化方案	
平面布局设计	理论与实训教学并列布置，药品间向内廊开窗，防止阳光直射
设计要点	1. 实训室面积312m²，估算结构尺寸，进深宜≥9.6m，开间宜≥34.6m，柱网建议选择（开间×进深）8900mm×9600mm； 2. 预留设备空间按照标准设备尺寸估算，仪器安置可以按照蒸馏流程，实训室周围设置有下水管道，与蒸馏无关的其余设备安置在其他设备储藏室

7.6 实训用房面积配置研究

7.6.1 化工类专业实训用房面积配置研究

实训室优化平面的面积计算为：

（1）基础化工实训空间

基础化工实训空间实验台数为 4 台，容纳人数为 40 人（图 7.29）。

长边计算：（3360＋1200×2＋1500×4＋1500×3＋3360）＝19620mm

短边计算：1960＋5800＋1000＝8760mm

使用面积：19.62×8.76≈171.9m^2

优点：使用方便。

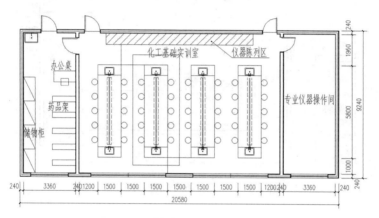

图 7.29 基础化工实训室平面布局

（2）化工单元操作实训室

化工单元操作实训室设备数为 9 台，容纳人数为 40 人（图 7.30）。

长边计算：（1860＋2100×4＋750＋2400×2＋600×2）＝17010mm

短边计算：300×2＋3500×2＝7600mm

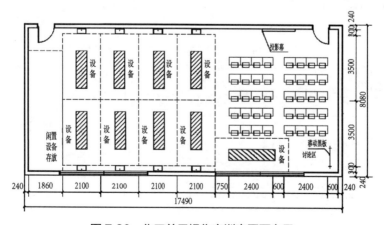

图 7.30 化工单元操作实训室平面布局

使用面积：$17.01 \times 7.6 \approx 129.3 m^2$

优点：节省面积。

（3）油品分析实训室

油品分析实训室设备陈列桌为 20 个，容纳人数为 40 人（图 7.31）。

长边计算：（3360＋2500＋4500＋1200＋3000＋2100）＝16660mm

短边计算：1200×3＋1800×2＝7200mm

使用面积：$16.66 \times 7.2 \approx 120.0 m^2$

优点：节省面积、理实结合。

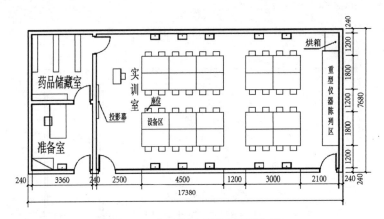

图 7.31　油品分析实训室平面布局

（4）精馏实训室

精馏实训室设备数为 8 个，容纳人数为 40 人（图 7.32）。

长边计算：（2600＋4700×4＋9600＋3360）＝34360mm

短边计算：1000×2＋2850×2＋1500＝9200mm

使用面积：$34.36 \times 9.2 \approx 316.1 m^2$

优点：布局合理、使用方便。

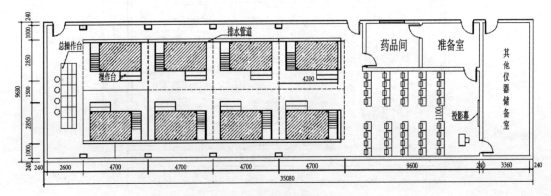

图 7.32　精馏实训室平面布局

7.6.2 生均指标研究

对调研院校实训空间生均面积与国家相关规范和指标进行对比分析，得出关于高职院校化工类专业实训空间生均指标的建议值，为该类型建筑设计提供参考。

1. 高职院校实训空间生均指标的相关规定

按照高职专业分类，化工类专业属于工科制造类。以"92指标"为参考依据，摘录出其中有关工业类院校生均指标以及制造类专业实训用房生均指标相关数据（表7.11～表7.13），对比实际调研的生均面积，探讨高职院校化工类专业实训空间的生均指标。

适合工科类院校教学实训用房及场所的生均指标（m²/生） 表7.11

学校类别	工科类院校		
专业结构	工科类 80%、文科类 20%		
办学规模（人）	5000	8000	10000
教学实训用房	11.51	10.85	10.50
公共课教室	1.85	1.85	1.85
教学实训用房及场所	8.11	7.77	7.44
系及教室办公用房	1.25	1.23	1.21

资料来源:《高等职业学校建设标准（2012）》

制造类实训用房及场所建筑面积指标（m²/生） 表7.12

专业	专业规模（人）							
	500	1000	2000	3000	4000	5000	8000	10000
制造类	14.52	12.4	10.7	9.84	9.28	8.9	8.3	8.15

资料来源:《高等职业学校建设标准（2012）》

制造类教学实训用房及场所单位使用面积指标（m²/生） 表7.13

专业名称	代表性用房	使用面积（m²）	备注
制造类	实训车间	15.0	按平均安排 2.5 个座位

资料来源:《高等职业学校建设标准（2012）》

2. 生均指标的建议值

调研院校化工类专业实训空间生均面积，以及各类实训用房的面积如表7.14、表7.15所示。

实训室空间优化数据统计 表7.14

实训室参数	空间布局			操作单元面积（m²）	实训建筑面积（m²）
	长（mm）	宽（mm）	高（mm）		
基础化学实验室	20580	9240	3600	2.1	190
化工单元操作实训室	17490	8080	3600	7.4	141

实训室参数	空间布局			操作单元面积（m²）	实训建筑面积（m²）
	长（mm）	宽（mm）	高（mm）		
油品分析实训室	17380	7680	3600	2.3	133
精馏实训室	35080	9680	4800	16.4	340

实训室生均指标建议　　　　　　　　　　　表7.15

实训室参数	实训室使用面积（m²）	实训室建筑面积（K=0.6）(m²)	建议使用人数（人）	生均面积建议值（m²/人）
基础化工实训室	171.9	286.5	40	7.2
单元操作实训室	129.3	215.5	40	5.4
油品分析实训室	120.0	200.0	40	5.0
精馏实训室	316.1	526.8	40	13.17

　　从调研数据来看，实训室使用人数为 35~45 不等，可取平均值 40 人作为人数参考。根据实训室优化平面图计算实训室使用面积，并取 K=0.6 作为面积系数计算实训室建筑面积，根据生均指标面积计算公式得出建议的生均指标值。基础化工实训室建筑面积建议为 286.5m²，生均指标为 7.2m²/人；单元操作实训室建议建筑面积为 215.5m²，生均指标为 5.4m²/人；油品分析实训室建筑面积建议为 120.0m²，生均指标为 5.0m²/人；精馏实训室建筑面积建议为 526.8m²，生均指标为 13.17m²/人。

　　优化方案生均指标建议值与 2012 年颁布的《高等职业学校建设标准》关于工业类院校教学实训用房及场所的生均指标对比发现，基础化工实训室、单元操作实训室、油品分析实训室类中小型实训室在指标基础上可以更节约面积，而精馏实训室内设备属于大型化工仿真设备，对空间需求更大（图7.33）。

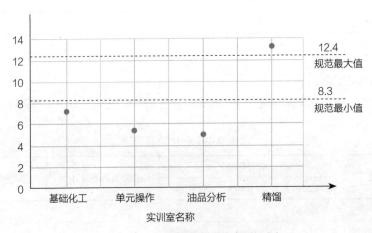

图 7.33　生均面积建议值与规范对比

7.7 本章小结

本章通过对实地调研院校化工类专业实训空间的现状总结与分析，明确高职院校化工类专业实训空间存在的问题与影响其发展的因素，剖析了化工类专业实训空间规划布局方式，提出化工类专业实训空间的优化布局模式，并得出化工类专业实训空间的生均指标建议值，为建筑设计提供相关参考。

8 畜牧兽医类专业实训空间设计研究

8.1 专业概况

8.1.1 专业发展概述

中国近代的畜牧兽医高等教育教学规划，制定于京师大学堂成立初期。19 世纪 30 年代，早期归国的一批留学生，将西方现代畜牧兽医的高等教育理念和技术带回国内，同时开设并完善了畜牧兽医的学科设置。新中国成立后，形成了畜牧兽医高等学校、中等学校、专科学校三个层次的教育机构布局，培养了大批革命时期和建设时期的兽医人才。

从 20 世纪 80 年代初到如今，是高职教育蓬勃发展的 30 多年，经济形势的改革使得社会对于人才的渴望无比迫切，高职教育正是在这样的背景下高速发展起来。高职院校中的畜牧兽医专业，其教学模式也在为适应社会需求的过程中发生了很大的变化——从粗放到集约，从重传统到重科技，从重理论到重实践。而最能体现这种转变的，就是高职院校畜牧兽医专业实训空间。

8.1.2 专业现状问题

一段时期以来，国内各高职院校对畜牧兽医专业实训教学的重视程度越来越高。很多高职院校纷纷新建或扩建实验、实训大楼，购置先进实验、实训仪器和设备，一方面解决了畜牧兽医专业长期以来实践教学条件不足的问题；另一方面，在大力建设实训空间的过程中又暴露不少问题。高职院校畜牧兽医专业实训教学当前存在的主要问题有：校企合作办学不充分、办学水平不均衡、实训空间的专业性有待提升。

8.2 实训空间设计影响因素

影响高职院校畜牧兽医专业实训空间设计的因素有：仪器设备、专业的仿真性、招生和学制安排，以及经济因素等。其中，设备仪器是最主要的因素。该专业常见的试验操作类、解剖类、观察类等仪器设备如表 8.1 ~ 表 8.4 所示。

畜牧兽医专业试验操作类实训空间常用仪器设备列表

表 8.1

试验操作类实训空间设备信息（注：规模：长 × 宽 × 高）

试验操作台（带水槽）	水槽		储物柜
3750×1500×800	900×600×800		900×600×1200
电热干燥箱	孵化箱		紫外可见分光光度仪
850×500×800	700×500×900		900×300×300
全自动凯式定氮仪	电热恒温培养箱		光栅分光光度仪
400×400×800	750×600×900		800×550×400
高速冷冻离心机	高温鼓风干燥箱		切片机
350×550×220	850×550×750		400×300×300
电热恒温水浴锅	脂肪离心机		通风柜控制系统
450×350×200	500×450×350		1500×800×2400
全温振荡器	电泳仪		紫外仪
1500×650×900	300×250×150		450×400×450
水分测定仪	电子天平		超低温保存箱
250×350×400	200×300×300		800×800×2000

畜牧兽医专业解剖类实训空间常用仪器设备列表　　　　表 8.2

解剖类实训室设备信息（注：规模：长 × 宽 × 高）							
	解剖操作台（带水槽）		小动物解剖台		家兔解剖台		
2000×1050×800		1200×450×800			900×300		
	大型不锈钢桌		活动白板				
1800×1100×850		2000×1800					

畜牧兽医专业观察类实训空间常用仪器设备列表　　　　表 8.3

观察类实训室设备信息（注：规模：长 × 宽 × 高）				
 电子显微镜及计算机	电脑桌		三相全自动补偿稳压器	
—	1000×600×750		500×400×1000	

畜牧兽医专业附属用房常用仪器设备列表　　　　表 8.4

附属用房设备信息（注：规模：长 × 宽 × 高）				
自动双重纯水蒸馏器	超净工作台		储物柜	
700×350×800	1500×700×1600		550×600×1000	

8.3　实例调研分析

8.3.1　YL 职业技术学院畜牧兽医专业实训空间调研

1. 基本概况

YL 职业技术学院是首批 28 所国家示范性高等职业院校之一，全国重点建设的 31 所示范性职业技术学院之一。学校现在共分为三个校区，所调研的动物工程分院位于西校区。动物工程分院的实训室包括动物基础技能训练区、动物疾病监控（监测）区、动物繁殖与胚胎工程区、饲料生产及检测区四大功能区在内的 10 多间实训室，另设有畜牧综合场和兽医院两大校内实训基地（表8.5）。

YL 职业技术学院	学校面积	1630 亩
	建筑面积	45 万 m²
	全日制在校学生	19600 人

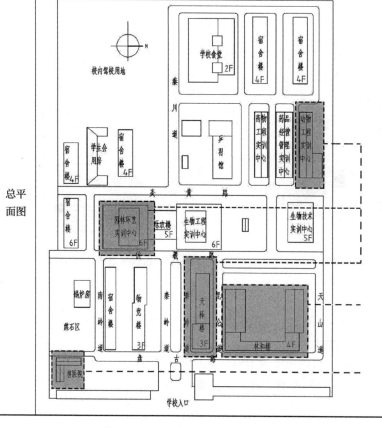

实训课的位置分别位于中部的天择楼、乐农楼的4~6层以及西北侧的动物实训中心。校园面积中等，各教学区域彼此之间可很快抵达。

理论课上课位置位于学校东北角的林和楼。

兽医院位于校园的东南角。平时实验所用的活体动物在此临时养殖寄放。

2. 实训空间

（1）显微数码互动实训室

显微数码互动实训室层高净高为 3.7m，横梁高 600mm，纵梁高 300mm。设备仪器的高度不高，对于实训空间的层高没有特殊要求。实训室面积为 105.5m²，共设 11 排 44 个学生座和 1 个教师座（图 8.1）。为了表现透明化教学的特点，教室在沿走廊一侧的墙壁开有整面的玻璃窗面，窗台高 850mm，窗高 1250mm。

使用评价：仪器设备专业程度高，需要做好长期的维护工作；该实训室设有通风橱，此为不必要的设计。

（2）畜牧综合实训室

畜牧综合实训室层高净高为 2.95m，设备仪器对于实训空间的层高没有特殊要求。实训

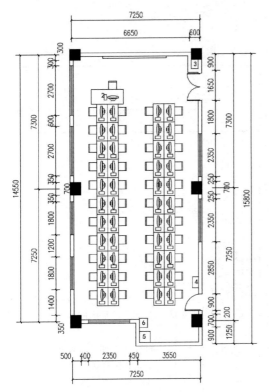

图 8.1　显微数码互动实训室平面图

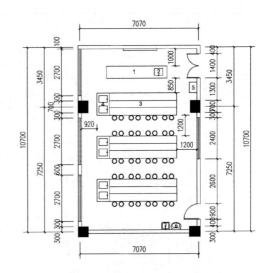

图 8.2　畜牧综合实训室平面图

室面积约为 75.6m²，共设 5 排 40 座（图 8.2）。本实训室在设计之初已经考虑管线都已经预埋，没有外露。本实训室的基本设备为带水槽的试验实训操作台。操作台为双面操作的模式，其尺寸为 4000×1300×850（mm），水槽尺寸为 1300×800×850（mm）。

使用评价：实验操作台之间的间距布置合理，使用者可以自由通行。建议在教室内设置专业的电教设备。

（3）动物疫病监测实训室

动物疫病监测实训室层净高为 3.8m，大梁 500mm，小梁 450mm。设备仪器尺寸不大，对层高没有特殊要求。实训室面积约为 76.5m²，共设 5 排 40 座（图 8.3）。实训教室里用移动式幻灯设备进行部分理论教学，教师可以进行更加直观详细的授课。

使用评价：实验操作台之间的间距布置合理，使用者可以自由通行。

（4）微生物实训室

微生物实训室层净高为 3.8m，大梁 500mm，小梁 450mm。设备仪器尺寸不大，对层高没有特殊要求。实训室面积约为 76.5m²，共设 5 排 40 座（图 8.4）。准备间没有设置专门的出入口，使用起来不方便，故改作为操作间。洗手池和拖把池紧贴的墙面贴瓷砖以防潮。实训教室里用移动式幻灯设备进行部分理论教学，教师可以进行更加直观详细的授课。

使用评价：实验操作台之间的间距布置合理，使用者可以自由通行。

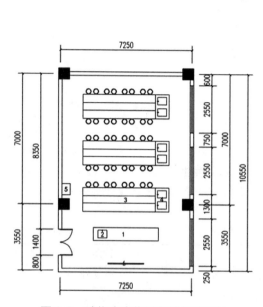

图8.3 动物疫病监测实训室平面图

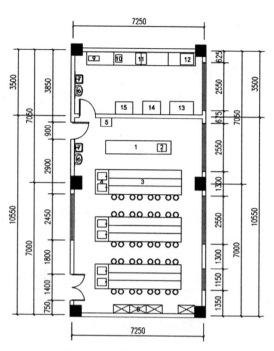

图8.4 微生物实训室平面图

（5）解剖实训室

准备室、解剖室和标本室为一个整体，但各自又有单独的出入口。彼此贯通又可以互不影响。层高为3.5m，设备仪器的高度不高，对空间的层高没有特殊要求。解剖室配置有投影仪和电脑等理论课设备。教室的整体面积偏小，一个班使用时可容纳的学生人数不多，且实训台距较近，实训行为会受到影响。实训室只有一层，由旧厂房改建、加建而成。该房间采用短边采光，窗户尺寸较小（图8.5）。

使用评价：解剖实训室面积偏小，不能够一次性满足全班学生进行解剖实训；实训室采光通风条件较差，进行解剖实训室产生的异味容易聚集，不易排出；室内进行实训操作时必须长时间使用点灯照明，否则学生不能很好地进行解剖

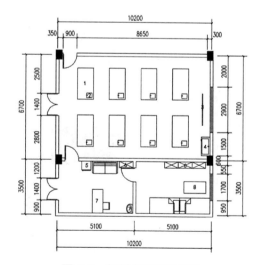

图8.5 解剖实训室平面图

实训；解剖实训室位于校园比较偏僻的位置，距离学生宿舍和理论教室都比较远。

3. 调研总结

综合来说，YL职业技术学院畜牧兽医专业的各类实训用房功能划分详细、明确，这一方面值得各个学校借鉴，但在一定程度上来说此做法会降低每间实训用房的利用率。另外，YL

职业技术学院畜牧兽医专业的各类实训空间在规划上过于分散，不便于集中管理。在实训大楼的柱网选择上，YL职业技术学院尺度偏小。根据调研结果显示，有约三分之一的学生认为教室面积偏小，使用起来会显得局促。

8.3.2 XY职业技术学院畜牧兽医专业实训空间调研

1. 基本信息

XY职业技术学院是陕西省示范性高职院校。学院设有医学院（健康学院）、建筑工程学院、仪祉农林学院等15个学院。开设涵盖医学、机械、电子、建筑、化工、财经、师范、农林等大类47个高职专业。仪祉农学院共有四个专业，分别是园林技术、园林工程管理、畜牧兽医和环境艺术设计。其中园林技术和畜牧兽医是省级重点专业。校内共有相关实训室6间，包括基础兽医、临床兽医、预防兽医、畜牧综合等。另外有一个校内实训基地（表8.6）。

XY职业技术学院基本信息　　　　　　　　　　　　　　　表8.6

XY职业技术学院	学校面积	970亩
	建筑面积	28.3万㎡
	全日制在校学生	13736人

总平面图

教学楼位于学校最中心位置，共11层，理论课上课位置和教学办位于教学楼9层，院长办公室在11层。

实训课上课位置位于西北角的实验楼，邻近校园主入口。畜牧类专业的实训室在西栋的1层和东栋的4层。理论课与实训课的上课场所之间彼此较为容易到达。

2. 实训空间

（1）畜牧兽医研究所/动物疫病分子生物学诊断实验室

畜牧兽医研究所/动物疫病分子生物学诊断实验室层净高为4.35m。主梁高700mm，次梁为 500mm。实验室中有无菌操作间，净高为 2.5m。设置更衣间，顶部有高度为 700mm 的空气净化系统。实训室面积约为 107.7m²（图 8.6）。

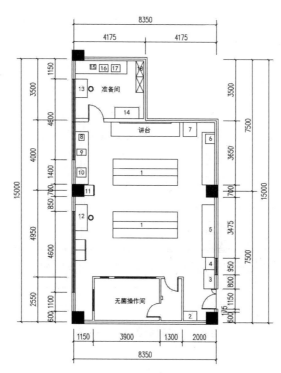

图 8.6 畜牧兽医研究所 / 动物疫病分子生物学诊断实验室平面图

使用评价：该实训室为校企合作开设的研究实验室，学生使用得较少。

（2）动物饲养基地

基地层净高 3.1m。窗户尺寸为 1500mm 和 1200mm，窗高为 1500mm，窗台高 900mm。高窗尺寸为 1500mm，窗高 600，窗台高 2100mm。畜牧养殖间的围栏分两段，底部 900mm 高，间距较密，上端 600mm，间距较宽（图 8.7）。

使用评价：位于校园的偏僻角落，不影响校园环境与师生的正常教学。

（3）动物营养与饲料分析实训室

动物营养与饲料分析实训室层净高为 4.35m。主梁高 700mm，次梁为 500mm。该类实训室最好设置在一层，避免实验中产生的废液腐蚀管道。若是实训室用到通风柜系统，则对层高有一定的要求，设备本身高度有 2.4m，再加上管道高度。实训室面积约为 107.7m²（图 8.8）。

使用评价：实验桌的摆放方式是为了减少前面同学对后面同学的遮挡。

3. 调研总结

XY 职业技术学院的校园属于新建，无论是校园规划还是建筑设计方面都做得比较到位。XY 职业技术学院的畜牧兽医专业采用校企合作的办学模式，将校外企业引入校园，借用其资金进行校内实训空间的建设。另外，XY 职业技术学院实训大楼的设计采用中庭式的布局模式，这种布局模式能够带来良好的通风采光效果以及视觉感受。

该校畜牧兽医专业实训空间存在的问题包括：实训空间在实训大楼中的楼层过高，无论是离理论教学区还是学生宿舍区都比较远；另外就是实训用房面积偏小，不能完全满足学生的使用；最后就是对于实训教学的垃圾（尸体）处理不够到位，没有专门处理畜牧兽医专业实训教学垃圾的方式和设备。

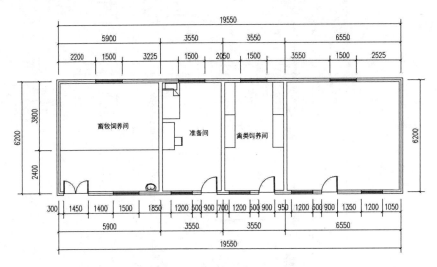

图 8.7　动物饲养基地平面图

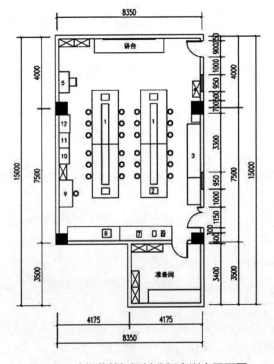

图 8.8　动物营养与饲料分析实训室平面图

8.3.3 WN职业技术学院畜牧兽医专业实训空间调研

1. 基本信息

WN职业技术学院位于陕西渭南市，下设8个二级学院，开设高职专业33个。建有校内实验实训室91个，其中中省财政支持建设的实训基地4个，省级示范实训基地2个。学院下设护理、医学、师范、农学、经济管理、机电工程、建筑工程和继续教育8个二级学院。农学院开设畜牧兽医、宠物养护与疫病防治、园艺技术、食品生物技术、食品营养与监测5个专业，其中畜牧兽医是学院特色专业、省级重点专业。畜牧兽医专业现有动物解剖室、动物标本室、微生物实验室等11个专业实验室（表8.7）。

WN职业技术学院基本信息　　　　　　　　　　　　　表8.7

WN职业技术学院		
	学校面积	880亩
	建筑面积	29.5万m²
	全日制在校学生	8153人

总平面图

学生宿舍位于校园北侧，离院楼较远。

学校暂时没有专门的教学楼。每个二级学院有自己的院楼，理论教学、实践教学和行政办公均在该栋楼内完成。

农学院的院楼位于校门正门的西侧，和师范学院大楼共用一个入口大厅。该楼共有五层，实训教室位于一层。由于本学院的房间不够用，故将医学院的四层借用作为本学院的理论教学用房。

2. 实训空间

（1）微生物实训室

微生物实训室层净高为 4.05m，主梁高 550mm，次梁高 500mm。有多媒体设备，可进行理论教学。实训室面积约为 71.3m² （图 8.9）。

使用评价：实训教室面积偏小，座位不够。

（2）畜牧外科实训室

畜牧外科实训室层净高为 4.05m，大梁 550mm，小梁 500mm。该实训室设有无影灯，对层高有一定的要求。实训室面积约为 71.3m² （图 8.10）。

使用评价：实训室面积偏小，学生操作空间不够。

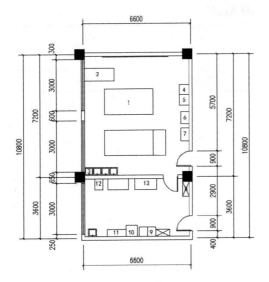

图 8.9　微生物实训室平面图

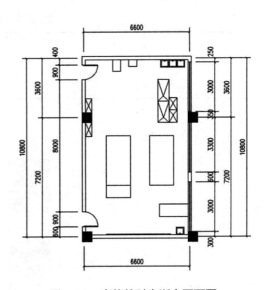

图 8.10　畜牧外科实训室平面图

（3）动物标本实训室

动物标本实训室层净高为 3.8m，大梁 500mm，小梁 450mm。实训教室里用移动式幻灯设备进行部分理论教学，教师可以进行更加直观详细的授课。实训室面积约为 76.5m²，共设 5 排 40 座（图 8.11）。

使用评价：实验操作台之间的间距布置合理，使用者可以自由通行。

3. 调研总结

WN 职业技术学院校园的总体规划是"按系设楼"，没有实训综合楼。这种模式有利于学院的管理，但不利于学科间的交流。

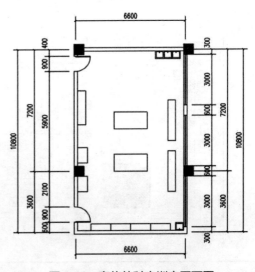

图 8.11　畜牧外科实训室平面图

在农学院功能布局中，将畜牧兽医专业实训用房的各类实训用房设置在综合楼一层，将理论教室和院系办公室分别设置于二三层，顶上两层是预留的校企办学合作空间。这种布置方式便于学生在一栋楼内解决学习的整个流程。

畜牧兽医专业的动物临时养殖空间设置在综合楼内靠近走廊尽头的位置，在一定程度上避免了牲畜气味、粪便对环境的污染而给师生带来的困扰。

8.3.4 调研小结

通过对 YL 职业技术学院、XY 职业技术学院和 WN 职业技术学院等几所高职院校的调研情况进行汇总，分别从校园整体规划、专业实训室分布、布局与使用情况，以及学生的使用体验等几个方面进行了调查和记录。

从校园规划方面来看，除 WN 职业技术学院采用的是以学院为单位，将本专业的理论教学和实训教学布置在同一栋楼之中，其他几所学校均采用了将所有学院的理论教学统一布置在同一栋教学大楼中，而将各个专业的实训空间集中布置在实训大楼之中的方式。

在使用情况上来看，XY 职业技术学院的实训室采用校企合作的模式，WN 职业技术学院的实训室采用校政合作模式，除了学生使用外，校外企业或政府机构研究人员也会有专人在此进行试验操作。

在实训空间的布置方式来看，根据每所院校畜牧兽医专业的实际情况，其内部的布置也各不相同，相对而言，YL 职业技术学院的畜牧兽医专业发展最好，内部空间设计也最为专业。

8.4 畜牧兽医类实训空间规划布局研究

8.4.1 影响因素

畜牧兽医专业的实训空间属于所有专业之中比较特殊的一类，这与其课程和教学内容的特殊性是分不开的。影响其实训空间的主要设计因素有：

1. 实验实训周期长

畜牧兽医专业的某些实训内容是不能仅仅靠课堂教学时间完成的，教师在课堂教授基本操作过程后，学生需要在课后自行进行实训安排。例如畜禽养殖时的鸡蛋孵化，学生利用孵化箱进行鸡蛋孵化，在一段比较长的时间段中进行过程观察和记录，这个过程需要学生在课后自行来到实训室进行操作。

2. 实验垃圾处理

这一项中最为特殊之处就是对畜禽动物进行解剖后的尸体处理。尸体不同于普通试验垃圾，随意丢弃不仅会污染环境，还会对校内其他人员造成心理负担。对动物尸体的处理——无论是尸体掩埋坑还是尸体焚化炉的设置，还需要考虑到尸体的运送过程和流线。这都是畜牧兽医专业实训区的规划上必须重点考虑的问题。

3. 活体动物饲养

活体动物的饲养包括两种实训内容，一种是养殖实训的长期饲养；另一种是进行活体解剖的短期饲养。无论是哪一种，畜禽动物作为实训材料有着很强的特殊性，它不同于普通实验材料,而是具有生命特征的,在运送、清理、保护、储存方面都对实训场所提出了新的规划和设计要求。

4. 使用刺激性气味药品

实训标本的制作和保存都需要用到福尔马林,福尔马林是一种具有刺激性气味的防腐药品。无论是对于本专业的师生还是校内其他人员都不适合长期处于存在具有这种气味的环境之中。因此,如何规避其影响也是在畜牧兽医专业实训区规划过程中需要考虑的内容。

5. 产生有害气体

畜牧兽医专业的某些实训课程,例如饲料分析中可能会产生对人体有害的气体,因涉及安全问题,对于这种气体的收集和排放需要特别注意。在规划阶段,要对产生有害气体的用房与其他用房进行隔离,并设置在下风向。

8.4.2 实训空间规划布局研究

1. 畜牧兽医专业实训教学区与校园其他功能区的关系

由于畜牧兽医专业的特殊性,因此在校园规划时,要处理好该专业实训教学区与学校其他部分之间的关系(表8.8)。

实训教学区与校园其他功能区的关系　　　　　　　　　　　　表8.8

	影响因素	建议	示意简图
校园出入口	某些学校的畜牧兽医专业与校外的社会企业和政府部门合作频繁,因而其实训室应考虑校外人员的使用	为避免校外人员流线与本校师生流线出现交叉,应将畜牧兽医专业的实训空间设置在靠近校园次入口的位置	
理论教学区	畜牧兽医专业对实践教学的要求较高,但同时也与理论教学互动频繁	畜牧兽医专业的理论教学区与实践教学区的距离应控制在五分钟的路程左右。有的学校会将理论教学与实践教学空间分设于同一栋楼中的不同楼层中	

	影响因素	建议	示意简图
其他专业实训教学区	畜牧兽医专业有很多具有特殊性的实训空间，这些实训空间在使用时会对其他专业的教学产生一定的影响	高职院校最好单独设置畜牧兽医专业的实训区，若条件不满足，应将畜牧兽医专业的实训空间设置在较为偏僻的区域	综合实训中心 ▨ 其他专业实训区 ▧ 畜牧兽医专业实训区
宿舍区	畜牧兽医专业的某些实训内容仅靠课堂教学是不能完成的，很多实训试验需要学生利用课余时间来实训室进行实训操作	为提高学生实训学习的积极性，畜牧兽医的实训室除了要考虑管理上的便利性而集中在教学区布置外，还应考虑本专业学生从学生宿舍过来的便利性	便利性 ▨ 综合教学区 ▧ 畜牧兽医专业实训区 ▤ 宿舍区

2. 畜牧兽医专业实训教学区中特殊功能空间的规划要求

畜牧兽医专业实训教学区中某些功能空间的特殊性给规划带来了一些新的要求，主要有以下几个方面：

（1）畜禽兽医院

在某些畜牧兽医专业设置较早、发展比较完备的高职院校中，可能会在校园中设置较为专业的畜禽兽医站。兽医站不仅给本校师生提供专业教学和实训操作的场所，同时也进行对外营业，为社会人员提供畜禽医治防护服务。为了避免校外人员的流线与校内师生的使用流线产生过度的交叉，一方面要完善兽医站的管理模式，另一方面在规划时如果有条件则需要对兽医站设置单独对外的出入口，如果没有充足的条件，则需要将兽医站布置在离出入口较近的位置。这样，即使校外人员需要来此，也避免了与校内环境产生过多接触从而影响到学校的正常教学工作（图8.12）。

（2）畜禽养殖场

高职院校的畜牧兽医专业通常会和社会上的养殖场合作办学，所以校内的畜禽养殖场所通常规模不会很大，仅为教学提供演示作用或者是准备用来进行解剖演示的活体动物临时喂养在此（图8.13）。

即使是小型的畜禽养殖场所，也不可避免地会产生较难闻的气味以及偶尔会有动物发出的噪声。所以校内的畜禽养殖场所要设置在远离教学和学生休息的场所。但从动物运送的角度来看，此处还需要有一定的良好交通条件。另外，因为畜禽养殖场的环境不太好，从学校形象的塑造层面考虑，则需要将畜禽养殖场所设置在校园内部较为偏僻、不引人注意的位置。

（3）动物解剖实训室

动物解剖是畜牧兽医专业的一门重要课程，对于帮助学生了解畜禽动物的生理构造有着

图 8.12 兽医院

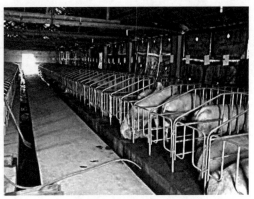

图 8.13 畜禽养殖场

图 8.14 畜牧兽医解剖实训室

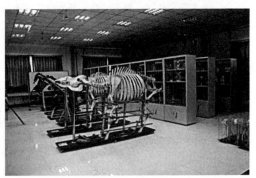

图 8.15 畜牧兽医动物标本实训室

重要的作用。这个实训室较为特殊的一点在于其使用的实训材料是具有生命特征的活体动物。实训室需要提供动物临时寄放的空间，这就导致该实训室不适合与其他类型的实训室集中设置在实训大楼中，而是需要单独设置。实训过程中或结束后产生的试验垃圾尤为特殊，动物的尸体残肢不能简单地处理，放到垃圾桶之中，而是需要专业的焚尸炉或者进尸体掩埋坑（图8.14）。

尸体掩埋坑的位置必须远离校园师生正常教学与生活的活动区域，除此之外，必须注意不能污染环境和水源。解剖实训室不能离掩埋坑距离太远，这也就决定了实训室的位置不宜设置在校园的醒目区和教学集中区。

（4）动物标本实训室

畜牧兽医专业的动物标本实训室与其他专业普通的陈列室相比，较为特殊的地方在于其陈列的标本通常需要进行防腐处理，在这个过程中用到的是一种具有强烈刺激性气味的药品——福尔马林。福尔马林溶液的储存需要避免阳光直射，否则会发生变质；同时标本实训室中储藏的其他标本在经过阳光直射后可能会发生褪色等现象。所以动物标本实训室在规划时需要考虑利用朝向或者遮蔽物避免阳光直射的问题（图8.15）。

另外考虑到解剖教学时可能会借用标本进行展示，以及解剖过的动物器官可以制成标本在标本实训室里存放，可以将标本实训室与解剖实训室紧邻布置，这样在一定程度可以方便教学。

（5）其他普通实训室

前面提到过畜牧兽医专业的某些实训内容是不能仅仅靠课堂教学时间完成的，学生可能在课后需要利用课余时间来实训室进行实训操作。所以相对于其他专业的实训室而言，畜牧兽医的实训室除了要考虑管理上的便利而集中在教学区布置外，还应考虑本专业学生从学生宿舍过来的便利性，这对于提高学生的学习积极性有一定帮助（图8.16）。

图8.16　畜牧兽医普通实训室

另外，畜牧兽医专业的某些课程实训会用到具有腐蚀性的药品和材料，这些药品和材料在进行上下水排放时可能会腐蚀管道。为了尽量避免腐蚀管线，最好将其设置在综合实训楼的一层，以避免更多的管道被长期腐蚀。

8.5　实训空间构成及空间模式研究

8.5.1　实训空间构成

高职院校畜牧兽医专业的学生实训室一般可以分为畜牧综合实训室（生理）、兽医综合实训室（病理）、动物药理实训室、微生物实训室、动物解剖实训室、动物标本展示实训室六类（图8.17）。

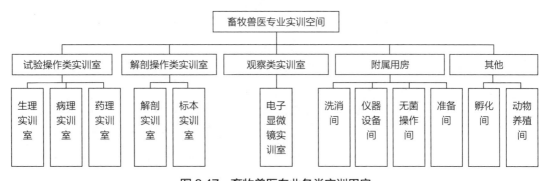

图8.17　畜牧兽医专业各类实训用房

按照实训的操作方式，可将这六类实训室进行归纳划分：生理、病理、药理实训室属于以试验操作为主的实验操作类实训室；微生物实训室是以显微镜观察为主的观察类实训室；第三类是实训类型比较特殊的解剖操作类实训室。除了最主要的这六类实训室外，还需要配备消毒间、洗涤间、无菌室、仪器室、准备间等附属用房（表8.9）。

	实训室名称	功能	适用课程
实验操作类实训室	畜牧综合实训室（动物生理实训室）	生理试验	兽医临床诊疗技术、动物内科病、动物外科、动物产科病、动物外科与产科、中兽医、兽医卫生检验
	兽医综合实训室（动物病理实训室）	病理试验	动物病理、兽医基础、宠物病理、动物普通病、宠物疾病防治、兽医学
	动物药理实训室	药理试验、兽药陈列	药理课程
观察实训室	微生物实训室	微生物试验	动物微生物、畜牧微生物、食品微生物、兽医微生物与免疫学
解剖操作类实训室	动物解剖实训室	解剖课程的实验实训地，是师生进行畜禽大体解剖操作的场所	动物解剖生理
	标本展示实训室	用于展示家畜家禽及一部分特种动物的各器官系统标本、模型的空间	动物解剖生理、动物病理
附属类用房	准备间	实训课教师准备仪器、设备和药品的房间，一般兼做实训教师的办公休息空间	所有实验性课程
	洗消间	全名为洗涤消毒间。房间内设置水槽，用来洗涤试验用过的仪器设备并消毒处理	所有实验性课程
	仪器药品间	各类小型仪器设备，如烧杯、滴管、漏斗以及药品存放保管的房间	所有实验性课程
	无菌房	设有无菌操作台，为某些特殊类别的试验提供无菌环境	动物微生物
其他用房	畜禽养殖房	畜禽动物暂时的喂养场所。但由于维护过程需要耗费较多人力财力，故很多高职院校并未设置	养猪与猪病防治；经济动物饲养；宠物饲养技术
	孵化中心	一般由孵化室和育雏室共同组成。主要承担禽类的孵化、育雏实训实习和生产实习。但由于课程设置或者经费问题，很多高职院校没有单独设置，而是仅在动物生理实训室中设置孵化箱	

8.5.2　试验操作类实训用房空间模式

　　试验操作类实训用房是畜牧兽医专业比较基础和普遍的一种实训空间，本专业学生在其中进行理科试验操作。

　　根据实地调研情况并综合师生问卷调查情况，总结出该类实训用房中所需要提供给实训教学的五类空间，包括准备间、基本试验操作区、专业仪器操作间、储物区和理论教学区。以下将对这几种空间进行分类介绍，同时总结了这五类空间的功能与所需的仪器设备（表 8.10）。

类别	功能	仪器设备	设计要点	实景照片
准备间	1. 供教师工作与临时休息； 2. 提前为实训课准备器材	基本家具（如办公桌和储物柜）、冰箱、水槽等	1. 一般分为内外两间，外间为试验准备间，内间为教师休息室，可兼做办公室； 2. 通常设有两个出入口，一个面向走廊，另一个连通实训室	
基本试验操作区	供教师演示和学生模拟操作实训过程	专业操作台、凳子、水槽、各类专业仪器等	1. 层高和柱距应考虑仪器设备的二次添加； 2. 对试验中可能产生有害气体的实训室要设置通风橱，管道应直通楼顶	
专业仪器操作间	放置贵重仪器，待需要时再开放该空间供学生使用	各类专业电子设备（各类培养箱、灭菌器、孵化箱、恒温熔炉等）	1. 该空间可单独设置，亦可与基础实训操作区合并设置； 2. 教师会在此空间进行一些具有危险性的试验工作	
储物区	存放各类实训成品的标本、模型	储物柜、各类标本、模型、常用仪器、参考书籍等	应在此设置图书角空间，对实训教学会起到事半功倍的效果	
理论教学区	教师在此区域讲授实训操作的理论及实训要领	讲台、黑板、电子计算机、多媒体设备	该空间应满足教师进行理论的传授要求，包括实训操作的要领和实训任务的布置以及进度的安排	

　　这五个功能区没有更衣室，因为在调研过程中通过与实训教师的谈话了解到：实训服的主要功能在于防止试验药品沾染到试验操作者的皮肤和衣物上。因为高职院校的实训课程内容对于无菌的要求并不苛刻，学生可以在有实训课时提前在宿舍将实训服换上，所以在实训空间不必再单独设置更衣室。

　　上述五个功能区域共同构成了畜牧兽医专业实验操作类型实训空间。根据上述内容绘制畜牧兽医专业此类实训空间的平面示意图（图 8.18）。

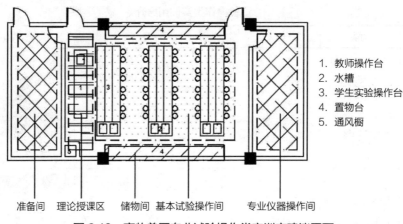

1. 教师操作台
2. 水槽
3. 学生实验操作台
4. 置物台
5. 通风橱

准备间　理论授课区　储物间　基本试验操作间　专业仪器操作间

图 8.18　畜牧兽医专业试验操作类实训室建议平面

8.5.3　观察类实训用房空间模式

观察类实训用房主要是指利用特殊的电子仪器来观察微生物活动和特征的微生物实训室（表 8.11）。

观察类实训用房介绍　　　　　　　　　　　　　　　　表 8.11

类别	功能	仪器设备	设计要点	实景照片
准备间	1. 教师课前在此准备各类切片； 2. 教师休息和办公	储物柜、工作台、凳子	观察类实训空间的准备间比试验操作类实训空间的准备间功能简单，条件不足时，可不设置	
观察实训操作区	观察微生物标本的活动状态和特征	电子显微镜、电子计算机、工作台、凳子	满足电子显微镜和计算机显示屏放置即可，无特殊空间要求	
理论教学区	类似于实验类实训空间，仅需要多加一部能够控制各台学生操作的总机			

在这类实训课程中主要用到的器材是价值较高的电子显微镜和计算机。实训的过程对操作行为技能要求不高。从建筑层面思考，此类实训空间的内部设计，其关键点在于如何尽可能地保证这些价值较高的实训器材能够得到良好的维护。

畜牧兽医专业观察类实训空间内的实训教学虽然对学生具体的实训操作要求不高，但在其内部设计上却有一些注意事项与试验操作类实训室不同，甚至相反的地方：

1. 室内环境方面

（1）潮湿的环境不利于电子显微镜和计算机的保存，所以观察类实训空间室内要尽量保持干燥：①不能设置水槽；②尽量避免与洗手间相邻布置。

（2）观察类实训空间对比于其他类的实训空间更需要干净的环境，因为灰尘会影响电子显微镜的工作，也可能会污染微生物标本。所以，室内最好采用易于清洁的地面砖；计算机和电子显微镜在不使用时需要用绒布遮盖保存。

（3）实训室的朝向最好避免阳光直射，对外开窗面需要安装能够阻挡阳光的双层窗帘。

2. 家具布置方面

观察类实训空间室内的操作台与试验操作类实训空间布置方式不同，因为操作台上摆放的电脑和电子显微镜比较高，如果平行于讲台布置实训操作台则后排学生的视线很可能被前排挡住，从而影响听课效果。所以，此类实训空间的操作台通常采用垂直于讲台的布置方式。

根据观察类实训空间的各项功能需求和设计要点绘制了平面示意图（图8.19），供设计人员进行参考。

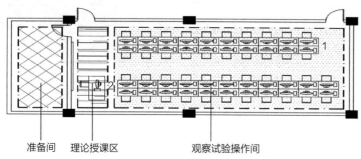

1. 电子显微镜观察桌
2. 教师用观察桌

准备间　　理论授课区　　观察试验操作间

图 8.19　畜牧兽医专业观察类实训室建议平面

8.5.4　解剖类实训用房空间模式

解剖类实训用房详细介绍如表8.12所示。

解剖类实训用房介绍　　　　　　　　　　表8.12

类别	功能	仪器设备	设计要点	实景照片
准备间	1. 教师课前准备上课所需的活体动物尸体或器官； 2. 教师休息和办公	各类解剖操作台、凳子、解剖器材、基本家具和电器	解剖课程过后的动物组织以及器官可在此被制作成标本，并进行长久保存	

类别	功能	仪器设备	设计要点	实景照片
解剖实训操作区	1. 教师演示解剖过程； 2. 学生进行解剖实训操作	各类型动物解剖操作台、凳子、水槽、储物柜	1. 需要更多的自由空间； 2. 应做好通风换气的设备	
理论教学区	教师对解剖对象和操作理论进行讲授	移动白板、白板笔	需要更多的自由空间	
标本展示区	存放各类动物器官、组织标本和模型供学生参观	各种尺寸的矮柜、标本架，动物器官、组织、躯体的标本和模型	标本展示实训室的教学内容与解剖教学内容有很多联系，故放到同一类实训空间类型中研究	

与其他专业相比，解剖课是一门比较特殊的课程。因此解剖实训空间区别于其他类别的实训室，在其内部空间的设计上，有着很多特殊的要求。

1. 室内环境

（1）无论是活体动物的暂时喂养，还是在解剖过程中，作为实训对象的动物会散发一定的异味。无论从卫生安全角度还是从师生的使用体验上考虑，解剖实训空间需要注意通风换气的设计。

（2）解剖过程会有动物的体液溅出，容易弄脏教室，所以经常会用清水进行清洁。所以，实训室的设计一方面要注意使用耐脏或易清洁的材料，另一方面要注意地面的防滑处理。

2. 尺寸尺度

相较于其他类型的实训空间，解剖实训空间对室内的层高没有特殊的要求。但一方面解剖实训室面对的实训对象是动物，比一般的药品器材体积更大；另一方面解剖实训课程的授课模式比较自由，需要在室内预留较大的空间供师生集中进行授课，所以解剖实训空间需要比同等级的其他实训空间有更大的人均面积。

各解剖实训室基础尺寸对比如表 8.13 所示。

各解剖实训室基础尺寸对比　　　　　　　　　　　　　　　　　　表 8.13

学校名称	面宽（m）	进深（m）	柱网（m）	层高（m）	面积（m²）
YL 职业技术学院	14	5.6	5.6×6.7	3.5	95.2
XY 职业技术学院	14.9	7.8	7.8×8.1	4.5	116.22

学校名称	面宽（m）	进深（m）	柱网（m）	层高（m）	面积（m²）
CD 职业技术学院	7.2	10.7	6.8×7.2	5.1	77.04
YA 职业技术学院	16.6	8.2	8.2×8.4	3.6	136.12
WN 职业技术学院	10.8	6.6	6.6×7.2	4.2	71.28

3. 设备布置

前文提到过解剖实训课的授课方式更倾向于一种更加自由和灵活的模式。这个特点给解剖类实训空间的理论授课和实训授课两方面的设备仪器布置上都带来了新的要求：

（1）理论授课

不同于其他类实训空间需要集中设置理论教学区，解剖实训室不需要配备固定的讲台、黑板和多媒体设备。解剖课的授课教师更倾向于在实训室内配备可移动的塑料白板，可以推拉到实训室内的任意位置，学生环绕四周，教师在中心进行知识要点的传授和讲解这样的模式。

（2）实训操作

畜牧兽医专业的解剖实训通常以小组为单位进行，对于不同大小的畜禽动物采用不同规格的解剖操作台。所以一般情况是实训课教师先集中到一个区块讲演示讲解，学生再自行操作。这种情况下，学生可以采用岛式布局模式灵活布置实训操作台，并根据实际情况自由移动（表8.14）。

解剖实训室操作空间布置形式对比　　　　表8.14

类别	优点	缺点	平面布置
YA 职业技术学院解剖实训室	该实训空间的优势在于室内面积较大，能够同时满足教师集中演示和学生自行操作	学生操作解剖台过多，造成浪费；另外，学生操作台规格偏小，不能满足多种动物类型的解剖实训	

类别	优点	缺点	平面布置
YL 职业技术学院解剖实训室	该实训室的布置可以更加灵活自由，按照解剖对象的大小和内容自由选择操作台的规格并自由布置	每次实训需要重新布置一次所需要用到的实训操作台，造成工作上的重复性	

4. 标本展示区

标本展示区也可以单独设置为标本实训室。但一方面由于该实训室的主要作用是展示，真正设计到学生动手进行实训操作的内容很少；另一方面该实训室与解剖实训室在教学上的交叉点很多，关系比较密切。所以很多学校将这两类实训室合并或者相邻设计。

动物标本实训室真正涉及动手进行实训操作的内容很少，主要功能在于展示性的教学，所以这类空间的内部设计主要考虑的是各类标本的保存、维护以及展示性教学的便利性上：

（1）潮湿的环境可能导致暴露在空气中的标本发霉，不利于标本的保存，所以标本室的环境需要尽量保持干燥，不要设置水槽。

（2）化学物质在阳光直射的情况下容易挥发变质，所以标本室的室内空间要尽量避免阳光直射，靠窗面需要加设不透光的双层窗帘。

（3）动物标本实训室的各类标本和模型会随着教学需要不断地增加，所以在初始设计时需要考虑到扩建的可能性，实训空间要尽量做大。

将标本室面积做大还有另一方面的考虑——实训教师一般按照教学需要选择到某个标本的展示点进行现场讲解。如果室内空间不够大而导致标本展示柜摆放间距过于局促，就会导致教学空间不够，影响学生的听课质量。

根据上述内容，综合调研院校的实际情况，形成解剖类实训室的空间模式平面示意图（图8.20）。

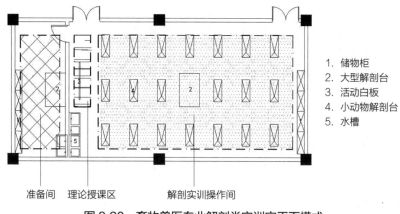

1. 储物柜
2. 大型解剖台
3. 活动白板
4. 小动物解剖台
5. 水槽

准备间　理论授课区　　　解剖实训操作间

图 8.20　畜牧兽医专业解剖类实训室平面模式

8.5.5　附属用房空间模式

各类附属用房虽然不是专门的实训用房，但对于完善畜牧兽医专业的实训空间以及帮助实训教学都有着很重要的作用。相较于其他专业实训空间附属用房的单一性，畜牧兽医专业实训空间附属用房要更丰富和专业（表 8.15）。

实训空间附属用房介绍　　　　　　　　　　　　　　　　　　表 8.15

类别	功能	仪器设备	备注	实景图片
洗消间	用来洗涤用过的仪器设备并进行消毒	长条形水槽、储物柜、干燥和消毒设备	在条件不允许单独设置时，可以将洗涤部分并入实训室内部进行设计，消毒部分并入准备间或仪器间	
仪器药品间	存放保管实训小型仪器设备及试验所需要的各类药品	储物柜、储物架、工作台、冰箱、消毒设备	需要根据药品特性进行储藏。该用房内需要设置能够创造低温、干燥、潮湿等各类环境的设备	
无菌房	房间内放置无菌操作台，为特殊试验提供无菌环境	无菌操作台、超净工作台、储物柜	多设置无菌操作台即可，或根据需要另外搭建无菌工作间	

附属用房不需要满足一个班的全部学生同时使用，所以面积设置一般偏小，可根据实际情况按照试验操作类实训室的柱跨在进深方向与之相同，而开间分隔成 2~3 间，这样可以保

证建筑整体的规整性。考虑到附属用房内部经常需要处理各类试验药品以及试验后的试验垃圾，所以为了师生安全，各类附属用房中都需要安装通风换气设备，特别是仪器药品房中一定要做好药品分类储存设计，有毒性的药品必须单独存放。

在洗消间的设计中需要考虑的一点是如何处理试验垃圾的腐蚀性问题，下水设备的耐腐性、可更换维修的便捷性、管线的最短路线都是需要在设计中重点考虑的问题。

8.6 实训空间面积配置研究

8.6.1 影响畜牧兽医专业实训空间面积计算的因素

1. 班级人数

实训空间的服务对象是学生与教师，而学生与教师的总人数会直接影响实训空间的面积大小。

2. 实训室内部的布局情况

1）试验操作类实训室

该类实训空间的功能组成包括准备间、基本试验操作区、理论授课区、专业仪器操作间、储藏区五个部分，其中最主要的部分是基本试验操作区。

（1）单边操作

实训教学区的实训操作台之间彼此相邻，中间只需预留一组操作空间和一道通行空间，实训设备进行单边操作（图8.21）。

在实训设备间进行通行时，在实训操作台操作时所需的空间尺度为500~600mm，而单股人流通行时所需的空间尺度为550~750mm。

（2）双边操作

实训教学区的实训操作台之间彼此相邻，中间需要预留两组操作空间和一道通行空间，实训设备进行双边操作（图8.22）。

在实训设备间进行通行时，实训设备操作台操作时所需的空间尺度为500~600mm，但这部分需要预留两个操作空间。另外再加上单股人流通行所需的空间尺度为550~750mm。

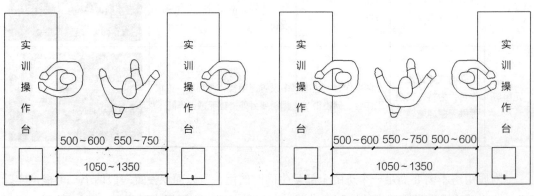

图8.21 单边实训示意图　　　　　　　　图8.22 双边实训示意图

2）解剖类实训室

解剖类实训室的布置相对自由。其教学模式采用的是比较特殊的三边型或者四周型演示教学（图8.23）。

综合《建筑设计资料集》中给出的人体活动范围尺寸和实训演示教学过程中常见的人体其他动作所需要的尺寸，可以得出教师演示区域所占的尺寸一般为距离解剖台四周距离900～1200mm为宜。这个范围可以保证教师的演示行为可以比较自由地进行。

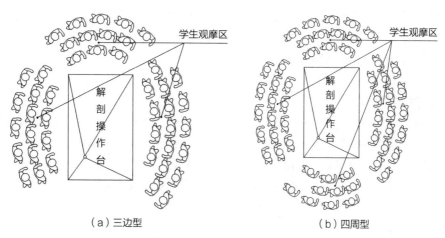

（a）三边型　　　　　　　　（b）四周型

图 8.23　解剖实训教学模式

8.6.2　畜牧兽医专业实训室的面积计算

根据上述影响畜牧兽医专业实训空间面积计算的因素，在此列出试验操作类实训室和解剖实训室两种实训室的面积计算方法。实训室内部空间的布置有多种方式，在此以双边操作的试验操作类实训室和单边操作的解剖实训室为基础进行计算，其他模式的布置形式可以以此为参照和基础进行类比计算。

根据实训课教师的建议，决定以每班40人为参数进行计算。计算过程及结果如下：

（1）试验操作类实训室

教师操作台尺寸为3600mm×700mm，水槽尺寸为500mm×400mm，学生实验操作台尺寸为4000mm×1300mm，且实训室容纳人数为40人（图8.24）。

必要长度：16.3m（实验实训操作区6200mm＋交通区4100mm＋准备室和专业仪器操作室小计6000mm）

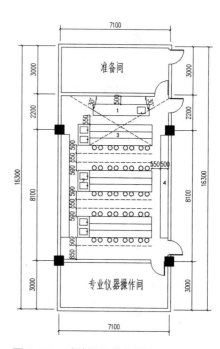

图 8.24　试验操作类实训室平面布置图

必要宽度：7.1m（储藏区 2350mm＋实验实训操作区 4750mm）

柱网尺寸：7200mm×8100mm

面积：115.73m^2（包括准备间和专业仪器操作间）

（2）解剖类实训室

储物柜尺寸为 900mm×400mm，大型解剖台尺寸为 1800mm×1100mm，活动白板尺寸为 2000mm×1800mm，小动物解剖台尺寸为 1200mm×450mm，水槽尺寸为 1200mm×450mm，且实训室容纳人数为 40 人（图 8.25）。

必要长度：16.2m（实验实训操作区 9750mm＋交通区 3450mm＋准备室 3000mm）

必要宽度：7.5m（交通区 1500mm＋实验实训操作区 6000mm）

柱网尺寸：7500mm×8100mm

面积：121.5m^2（包括准备间）

（3）观察类实训室

电子显微镜观察桌尺寸为 1000mm×600mm，教师用观察桌尺寸为 1800mm×800mm，且实训室容纳人数为 40 人（图 8.26）。

必要长度：14.1m（实验实训操作区 11000mm＋交通区 3100mm）

必要宽度：7.1m（交通区 1700mm＋实验实训操作区 5400mm）

柱网尺寸：7100mm×8100mm＋7100mm×6000mm

面积：100.11m^2

备注：班级人数以 40 人为计算标准，但该房间内共有 42 部设备供学生使用。

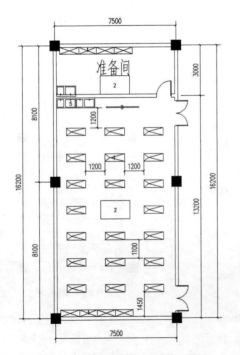

图 8.25　解剖类实训室平面布置图

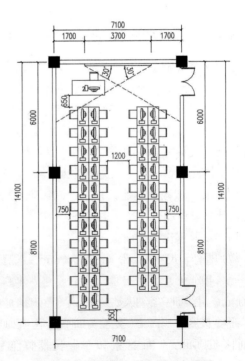

图 8.26　观察类实训室平面布置图

8.7 本章小结

畜牧兽医作为高职院校中较为特殊的一类专业，其实训教学的模式相较于其他专业有着很大的区别。本章对畜牧兽医专业的实训空间进行了从校园规划、空间布局、使用率、面积以及生均指标等几个方面的研究，提出了该专业各类实训用房的空间布局模式；并根据使用率以及相关面积的计算，形成实训用房生均建议值，为建筑设计提供参考。

参考文献

1. 著作类

[1] 李志民，王琰. 建筑空间环境与行为 [M]. 武汉：华中科技大学出版社，2009.

[2] 王琰. 普通高教整体化教学楼群优化设计策略研究 [M]. 上海：同济大学出版社，2012.

[3] 教育大辞典编纂委员会. 教育大辞典：第三卷 [M]. 上海：上海教育出版社，1991.

[4]（英）马丁·皮尔斯，著. 大学建筑 [M]. 王安怡，高少霞，译. 大连：大连理工大学出版社. 2003.

[5] 刘福军，成文章. 高等职业教育人才培养模式 [M]. 北京：科学出版社，2007.

[6] 张绮曼，郑曙旸. 室内设计资料集 [M]. 北京：中国建筑工业出版社，2005.

[7] 胡乔木. 中国大百科全书·教育 [M]. 北京：中国大百科全书出版社，2009.

[8] 黄耀五，肖妍. 职业教育实训概论 [M]. 重庆：西南大学出版社，2012.

[9] 彭一刚. 建筑空间组合论 [M]. 北京：中国建筑工业出版社，2007.

[10]（美）丹尼尔·D·沃奇. 研究实验室建筑 [M]. 徐雄，等译. 北京：中国建筑工业出版社，2006.

[11] 姜大源. 当代世界职业教育发展趋势研究 [M]. 北京：电子工业出版社，2012.

[12] 徐国庆. 实践导向职业教育课程研究：技术学范式 [M]. 上海：上海教育出版社，2005.

[13] 周逸湖，宋泽方. 高等学校建筑规划与环境设计 [M]. 北京：中国建筑工业出版社，1994.

[14] 何镜堂. 当代大学校园规划理论与设计实践 [M]. 北京：中国建筑工业出版社，2009.

[15] 何镜堂. 建筑设计研究院校园规划设计作品集（华南理工大学建筑设计研究院）[M]. 北京：中国建筑工业出版社，2002.

[16] 姜辉，孙磊磊，万正暘，等. 大学校园群体 [M]. 南京：东南大学出版社，2006.

[17] 涂慧君. 大学校园整体设计——规划·景观·建筑 [M]. 北京：中国建筑工业出版社，2007.

[18]（意）布鲁诺. 塞维. 建筑空间论 [M]. 张似赞，译. 北京：中国建筑工业出版社，1985.

[19]（日）MEISEI. 现代建筑集成：教育建筑 [M]. 辽宁：辽宁科学技术出版社，2000.

[20]（日）谷口凡邦. 学校教育设施与环境的计划 [M]. 台湾：大佳出版社，1982.

[21] 罗伯特·鲍威尔. 学校建筑：新一代校园 [M]. 翁鸿珍，译. 天津：天津大学出版社，2002.

[22] 中华人民共和国教育部. 普通高等学校建筑面积规划指标 [M]. 北京：高等教育出版社，2002.

[23] 庄惟敏. 建筑策划导论 [M]. 北京：中国水利水电出版社，2000.

［24］Michael Sorkin Studio. Other Plans: University of Chicago Studies[M]. Princeton Architectural Press. New York, 2001.

［25］M. E. Poole, J. Stevenson.Vocational Education and Training[M].1993.

［26］Herschbach.D.R., Hays.F.B., Evans. D. P. Vocational Education and Training: Review of Experience[M]. 1992.

［27］Middleton.J, Ziderman.A., Adams.A.V.Skills for Productivity: Vocational Education and Training in Developing Countries[M]. 1993.

［28］Strange, Charles Carney and JaMes, H.Banning, 〈Educating by Design: Creating Campus Learning Environments That Work〉, Wiley, San Francisco, 2001.

［29］Michael Brawne, University Planning and Design[M]. Published by Lund Humphries For Architectural Association London, 1967.

［30］Richard.P.Dober, Campus Design, John Wiley&Sons Inc.Hoboken, New Jersey, 1991.

［31］Michael Kevin. A Theory of Good City Form[M]. Published by Lund Humphries For Architectural Association London, 1967.

2. 期刊类

［1］王琰，李志民. 基于量化的大学整体化教学楼群K值优化研究[J]. 西安建筑科技大学学报（自然科学版），2011，4.

［2］王琰，李志民，罗琳. 关于西北地区职业技术院校校园规划与设计的研究思考[J]. 南方建筑，2013，6.

［3］曾庆琪. 改革开放以来我国高职教育发展回顾与展望[J]. 职业技术教育，2014.

［4］程宇，宋美霖. 2014年全国高职院校数量变化趋势及分类比较[J]. 职业技术教育，2014.

［5］张亚丽，陈秋生. 高等职业教育的八大特征[J]. 现代教育科学（高教研究），2008.

［6］朱运利. 高职教育课程模式创新与实训基地的概念重建[J]. 中国职业技术教育，2009.

［7］王文群. 浅谈我国汽车行业职业院校的现状及发展[J]. 中国高新技术企业，2009.

［8］冯亚朋，刘桂光. 高职院校新能源汽车专业人才培养模式探讨[J]. 时代教育，2015.

［9］王延芳，丁洁. 高职院校生产性实训基地建设理论问题探索[J]. 中国成人教育，2010.

［10］谢鲁峡. 职业院校汽车专业教学模式初探[J]. 职业，2013.

［11］努尔江·朱安平. 汽车类专业实训教学存在的问题及对策[J]. 宁波职业技术学院学报，2012.

［12］楼飞燕. 高职教育与区域经济协调发展研究[J]. 中国成人教育，2013.

［13］骆美富，陈开考. 对高职汽车类专业实践教学建设的探讨[J]. 实验室研究与探索，2007.

［14］杨柳青，汤峰，阚萍，等. 基于校企合作实践的汽车专业校内实训中心建设模式构想[J]. 合肥学院学报，2013.

［15］王岩，王冬梅. 土建类高等职业教育的现状和几点思考[J]. 科技致富向导，2013.

［16］杨婉，濮阳炯. 论高职楼宇智能化工程技术专业校内实训基地建设[J]. 中国建设教育，2011.

［17］梁海岫，刘成才，陈勇. 高等职业技术学院实训中心建筑设计要点——以东莞职业技术学院实训中心为例[J]. 城市建筑，2014.

［18］王振丰，梁伟. 土建类高职院校生产性实训基地的建设思考[J]. 高教论坛，2013.

［19］黄凤记. 高职院校电气自动化实训室建设与对策研究——以广西百色职业学院为例[J]. 企业

科技与发展，2012.

［20］沈利平，张义平. 高职院校现代土建实训基地建设的实践与思考 [J]. 中国电力教育，2008.

［21］张海峰，王艺谋. 高等职业教育概念的科学界定 [J]. 中国职业技术教育，2002，8.

［22］王襄. 高职院校实训基地建设探索 [J]. 实验室研究与探索，2008，4.

［23］王彦芳. 陕西高职院校制造专业实训空间研究 [J]. 城市建筑，2013，8.

［24］曲冰，梅洪元. 对普通高等学校建筑规划面积指标的几点思考 [J]. 城市建筑，2006，1.

［25］张立今. 高职院校内涵发展战略：资源整合 [J]. 高等教育研究，2007，08.

［26］李传双. 高职院校教学资源整合初探 [J]. 淮南职业技术学院学报，2006，1.

［27］范冰. 高职院校教学资源整合优化及对策 [J]. 职业教育研究，2008，12.

［28］张苏里，刘文萍. 高职教育专业设置的特点及原则 [J]. 河北职业技术学院学报，2004，3.

［29］首珩. 共享型国家高职高专实训基地建设研究 [J]. 职业技术教育，2004.

［30］黄日强，邓志军. 国外企业如何参与职业教育 [J]. 中国职业技术教育，2004，5.

［31］姜大源. 德国企业在职业教育中的作用及成本效益分析 [J]. 中国职业技术教育，2004．8.

［32］吴元欣，王存文，喻发全，等. 面向现代企业需求的化工类人才培养模式改革 [J]. 化工高等教育，2012，6.

［33］崔国星，张启卫，王益凡. 化工类创新型人才培养教育教学实践与探索 [J]. 高教论坛，2009.

［34］全国化工院校情报中心站、化工高等教育现状及发展趋势 [J]. 化工高等教育，1988.

［35］刘伟. 论高职文秘专业"校企合作"人才培养模式的构建 [J]. 企业家天地，2012.

［36］温守东. 国内石油化工类专业职业院校的比较研究 [J]. 石油教育，2013.

［37］王艳.《化工单元操作与设备》课程教学改革与实践 [J]. 内蒙古石油化工，2014.

［38］王秀芳，王春辉. 构建实践教学平台、打造实用型会计人才 [J]. 才智，2013.

［39］崔青青，邹红美. 深化实践育人提升高校思想政治理论课质量 [J]. 西华师范大学学报（哲学社会科学版），2012.

［40］李贺. 高职经济管理理念的解析 [J]. 商情，2013.

［41］王苏琪. 我国高职院校科研定位及走向分析 [J]. 黑龙江高教研究，2014.

［42］曹玉台，张继明. 高职院校企业实训基地建设初探 [J]. 化工高等教育，2008.

［43］张忻. 高等职业教育教学—实训空间模式的分析研究 [J]. 安徽建筑，2009.

［44］李鲲，王冲，曲艺. 高职院校"教学做一体化"教学模式的探索与思考 [J]. 齐齐哈尔师范高等专科学校学报，2014.

［45］李书森，韩贵金，孟海军. 试析石油职业院校的发展定位 [J]. 石油教育，2013.

［46］樊宏伟. 提高高职石油工程类专业人才培养质量的对策分析 [J]. 石油教育，2013.

［47］李海明，王世震，王纪安. 我国高职院校石油类专业调研分析 [J]. 石油教育，2013.

［48］刁永红. 石油专业"理论与实践一体化"培训模式探索 [J]. 石油教育，2011.

［49］梁建军. 论高职院校实验实训中心管理 [J]. 滁州职业技术学院学报，2013.

［50］陈军斌，刘易非，孙燕波. 石油工程专业人才培养模式创新实验区建设的探索与实践 [J]. 石油教育，2013.

［51］陈红. 高职教育中存在问题及解决方法——以 GIS 专业为例 [J]. 亚太教育，2015.

［52］教育部关于印发《教育部关于加强高职高专教育人才培养工作的意见》的通知 [J]. 教育部政

报, 2000.

[53] 陈嵩, 郭扬. 我国高职教育十年发展的成就与经验 [J]. 教育发展研究, 2006.

[54] 马树超, 郭扬. 关于我国高职教育发展的战略及对策思考 [J]. 职教论坛, 2008.

[55] 朱晓宦. 高职高专就业指导教育分析 [J]. 科技创新与应用, 2012.

[56] 邓键崛. 转变畜牧业生产方式构建生态畜牧业大力推进社会主义新农村建设 [J]. 阿坝科技, 2006.

[57] 赵爱华, 朱淑斌, 陈桂银. 2011 年高职畜牧兽医专业人才需求调查与专业改革探索 [J]. 中外企业家, 2012.

[58] 苏从成, 王明友. 地方本科院校动物科学专业实践教学体系与模式的改革 [J]. 现代农业科学, 2009.

[59] 徐帅. 高职土建教育实训基地建设的探索与实践 [J]. 辽宁高职学报, 2015.

[60] 王琰, 魏旭, 严格, 等. 集约发展下的西北地区大学及高职院校教育建筑设计研究 [J]. 建筑与文化, 2015.

[61] 董飚, 黎静, 王健. 农业高职院校校内实训基地建设探索与实践——以江苏畜牧兽医职业技术学院为例 [J]. 河南农业, 2013.

[62] 谢勇. 高职院校实训基地的规划与设计 [J]. 四川建筑, 2014.

[63] 蒋金伟. 论高职院校校内实训基地建设的基本原则 [J]. 考试周刊, 2011.

[64] 颜兴中, 胡铁辉, 刘道强. 高等教育理念在大学校园建筑规划中的应用 [J]. 现代大学教育, 2006.

[65] 郑明仁. 大学校园规划整合论 [J]. 建筑学报, 2001.

[66] 王俊, 薛建荣, 王宁. 高等职业技术教育实训基地特性研究 [J]. 教育与职业, 2006.

[67] 韩飞, 孙建波. 关于高职院校实训基地建设的分析及其可持续发展的思考 [J]. 辽宁教育行政学院学报, 2009.

[68] 柳峰, 徐冬梅, 刘琼琼, 等. 高职实训基地的建设与发展 [J]. 实验室研究与探索, 2009.

[69] 郑晓兰, 周雾飞, 林抗美. 从护理发展史谈开展整体护理的重要性 [J]. 中华现代中西医杂志, 2004.

[70] 邹广天. 建筑计划学研究方法 [J]. 建筑学报, 1998.

[71] 陈衍, 于海波, 张祺午. 大力发展职业教育方针不动摇 [J]. 职业技术教育, 2010.

[72] 侯宗霞. 高职院校临床医学专业实践教学体系的改革与探索 [J]. 产业与科技论坛, 2013, 10.

[73] 陆秀花. 护理专业校内实训基地人文环境建设内涵及思路 [J]. 职业技术教育, 2007.

[74] 史文杰. 国外高职教育教学模式的比较及其启示 [J]. 教育探索, 2008.

[75] 刘启东. 从新加坡"教学工厂"看我国高职教学模式的调整 [J]. 教育与职业, 2007.

[76] 林奕水, 高俊文. 探索示范性高等职业院校校内实训基地管理 [J]. 实验科学与技术, 2015.

[77] 陈晓恬, 王伯伟. 中国高等教育体制改革对大学校园规划的影响 [J]. 华中建筑, 2006, 7.

[78] 黄亚妮. 国外高职实践教学模式特色的评析和启示 [J]. 高教探索, 2005, 4.

[79] 顾剑锋, 张海霞. 高职院校创新教育面临的问题及对策探讨 [J]. 保险职业学院学报, 2011, 8.

[80] 潘晓娜. 现阶段高职教育管理中存在的问题与对策 [J]. 中国培训, 2017, 6.

[81] 何镜堂. 当前高校规划建设的几个发展趋向 [J]. 新建筑, 2002.

[82] 赵南. 构建校内护理技能实训中心的探讨 [J]. 新余高专学报, 2010.

[83] 李喜蓉. 护理技能实训中心的建设与管理 [J]. 科技创新导报，2008.

[84] 贾永枢，王佳妮，阮林叶. 高职院校开放实训室建设的探索与实践 [J]. 浙江工商职业技术学院学报，2015.

[85] 格伦. 医院护理单元功能和空间的系统研究 [J]. 华中建筑，2005.

[86] Richard. P. Dober. Campus Landscape-Function·Forms·Features [J]. John Inc·U·S·A 2000 groves of Wiley&sons: 2000.

3. 学位论文

[1] 王琰. 普通高校整体化教学楼群优化设计策略研究 [D]. 西安：西安建筑科技大学，2010.

[2] 张婷. 高职院校护理专业实训空间设计模式研究 [D]. 西安：西安建筑科技大学，2016.

[3] 邹雷蕾. 高等职业技术院校汽车类专业实训空间模式及设计研究 [D]. 西安：西安建筑科技大学，2016.

[4] 王彦芳. 高等职业技术院校制造专业实训空间设计研究 [D]. 西安：西安建筑科技大学，2014.

[5] 魏旭. 高校院校土建类专业工学结合模式下的实训空间设计研究 [D]. 西安：西安建筑科技大学，2015.

[6] 严格. 高职院校畜牧兽医专业实训空间设计模式研究 [D]. 西安：西安建筑科技大学，2016.

[7] 李丹丹. 高职院校化工类专业实训空间设计模式研究 [D]. 西安：西安建筑科技大学，2017.

[8] 尹锐莹. 高职院校石油工程类专业实训空间设计模式研究 [D]. 西安：西安建筑科技大学，2017.

[9] 曲文晶. 工科类高等职业技术学校实训空间研究 [D]. 西安：西安建筑科技大学，2011.

[10] 曹梦莹. 工科类高等职业技术学校教学空间研究 [D]. 西安：西安建筑科技大学，2011.

[11] 抗莉君. 高等职业教育院校实训建筑设计研究 [D]. 天津：天津大学，2010.

[12] 李艳玲. 我国借鉴"双元制"模式的实践与问题研究 [D]. 厦门：厦门大学，2006.

[13] 李彦西. 欠发达省区高等教育资源整合机制研究 [D]. 武汉：武汉理工大学，2010.

[14] 王前新. 高等职业技术院校发展战略研究 [D]. 武汉：华中科技大学，2004.

[15] 向江洪. 高职院校实训基地建设研究 [D]. 武汉：中南大学，2007.

[16] 黄荣春. 高等职业教育实训基地建设研究 [D]. 福州：福建师范大学，2007.

[17] 洪笑. 高职院校校园景观的育人价值研究 [D]. 杭州：浙江大学，2012.

[18] 李赫. 高等职业教育实训建筑空间设计研究 [D]. 重庆：重庆大学，2013.

[19] 杜利. 我国职业教育发展的理论与实证研究 [D]. 武汉：武汉理工大学，2008.

[20] 於华山. 基于知识溢出的江苏制造业上市公司竞争力研究 [D]. 南京：南京财经大学，2011.

[21] 苗喜荣. 中等职业教育人才培养模式的构建 [D]. 苏州：苏州大学，2004.

[22] 严雅丽. 中等职业学校旅游人才培养模式的转型 [D]. 杭州：浙江师范大学，2008.

[23] 张建鲲. 高等职业教育专业课程群论 [D]. 天津：天津大学，2010.

[24] 肖高. 先进制造企业自主创新能力结构模型及与绩效关系研究 [D]. 杭州：浙江大学，2007.

[25] 宋之杰. 先进制造技术项目投资评价研究 [D]. 秦皇岛：燕山大学，2006.

[26] 王正毅. 上海职业教育资源有效整合对策研究 [D]. 上海：华东师范大学，2008.

[27] 潘智. 杭州下沙高教园区规划设计研究及其引发的思索 [D]. 西安：西安建筑科技大学，2001.

[28] 程晓星. 高等职业技术学院中学生的基础课程改革 [D]. 西安：陕西师范大学，2015.

［29］王嘉禄. 山西省高职院校实训基地建设研究 [D]. 太原：山西大学，2010.

［30］谢勇. 高等职业院校规划与建设研究 [D]. 广州：华南理工大学，2009.

［31］谢南竹. 我国高等职业教育的政策系统环境研究 [D]. 上海：华东理工大学，2008.

［32］张成. 中国高等职业教育教学—实训空间模式的探讨 [D]. 合肥：合肥工业大学，2009.

［33］汪淙. 高等职业技术学院校园规划设计 [D]. 北京：清华大学，2011.

［34］许能生. 高职院校新校区规划设计研究 [D]. 西安：西安建筑科技大学，2008.

［35］李远. 高等职业技术学院校内实训建筑设计研究 [D]. 重庆：重庆大学，2011.

［36］刘淦. 高职教育背景下技术类实训建筑的设计研究 [D]. 南京：南京工业大学，2012.

［37］郭彪. 陕西省市辖高等职业技术院校实训空间建筑计划研究 [D]. 西安：西安建筑科技大学，2013.

［38］何良胜. 高职院校工学结合人才培养模式下的教学管理研究 [D]. 广州：广东技术师范学院，2015.

［39］李欣. 我国高等职业教育人才培养模式的探索与发展研究 [D]. 新乡：河南师范大学，2012.

［40］梁海岫. 协同发展观念下的广东高等职业技术学院校园规划设计研究 [D]. 广州：华南理工大学，2009.

［41］董显辉. 中国职业教育层次结构研究 [D]. 天津：天津大学，2013.

［42］薛彩龙. 基于学生职业能力培养的高职教育模式研究 [D]. 天津：河北工业大学，2008.

［43］李青山. 中国近代（1840—1949 年）兽医高等教育溯源及发展 [D]. 北京：中国农业大学，2015.

［44］陈贺坤. 高职院校校内实训基地建设研究 [D]. 保定：河北大学，2009.

［45］李静. 基于 SWOT 分析的 YA 职院建筑工程技术专业改革研究 [D]. 西安：长安大学，2013.

［46］颜兴中. 中国公办普通高校基本建设项目前期管理研究 [D]. 长沙：中南大学，2011.

［47］李金. 高等职业教育实践教学研究与探索 [D]. 济南：山东师范大学，2006.

［48］熊健民. 高等职业教育经济功能与规模效益的实证研究 [D]. 武汉：华中科技大学，2005.

［49］李建. 高职院校实训基地建设的若干问题研究 [D]. 天津：天津大学，2008.

［50］董仁忠. "大职教观"视野中的职业教育制度变革研究 [D]. 上海：华东师范大学，2008.

4. 报纸文章

［1］胡锦涛. 在庆祝清华大学建校 100 周年大会上的讲话 [N]. 人民日报，2011-04-25.

［2］国家中长期教育改革和发展规划纲要工作小组办公室. 国家中长期教育改革和发展规划纲要 [N]. 人民日报，2010-03-01（005）.

［3］上海市教科院高职教育发展研究中心主任，马树超. 高职教育的现状特征与发展趋势 [N]. 中国教育报，2006-09-14（003）.

5. 标准

［1］GBJ6—86. 厂房建筑模数协调标准 [S]. 北京：中国计划出版社，2007.

［2］建标［1992］245 号. 普通高等学校建筑面积指标 [S]. 北京：中国建筑工业出版社，2007.

［3］JY/T0380. 汽车运用与维修类相关专业设备配置标准 [S]. 北京：中国建筑工业出版社，2014.

［4］国际教育标准分类法 [S]. 联合国教科文组织，1997-08.

［5］JGJ91-93. 科学实验室建筑设计规范 [S]. 北京：中国建筑工业出版社，1993.

［6］普通高等学校建筑规划面积指标 [S]. 1992.

［7］高等职业学校建设标准 [S]. 2012.

［8］普通高等学校基本办学条件指标 [S]. 2017.

6. 论文集

［1］刘芳. 浅析我国职业教育的现状与发展 [C]. 淮阴师范学院教育科学，2006. 04.

［2］傅永强，吴文山. 高职院校实训基地建设存在的问题及对策 [C]. 黑龙江教育：高教研究与评估版，2010. 02.

后记

我国的高职院校很多都是由中职学校发展而来，不少学校起点低、历史短、规模小，满足职业教育所需的软硬件条件较差，特别是实训条件差，阻碍了职业教育的健康发展。

2012年前后，笔者参与了一些职业院校的规划与设计项目，并开始关注职业教育发展动态与建筑设计研究。通过对大量高职院校的调研，可以看出我国的高职院校建设存在一定的盲目性，很多学校不顾自身现状与特点，照搬照抄大学的规划设计理念，造成办学成本加高、土地资源浪费及建筑空间无法使用等现象，同时设计返工、建设周期延长等也时有发生，影响了职业教育的良性健康发展，因此急需对高职院校进行专项研究。实训空间是高职院校最为重要、最有特点的教学空间，也使其不同于普通高校的教学空间。笔者聚焦实训空间，以专业分类为视角，以实训空间模式及其量化指标为研究内容，持续6年，先后对高职院校7类不同专业的实训空间进行了深入研究。

2012—2015年，笔者作为项目负责人承担陕西省教育厅专项科研计划项目：《陕西省职业院校整合规划与空间环境计划研究》（12JK0905）；2014—2017年，作为项目负责人承担国家自然科学基金项目：《集约发展下的西北高职院校建筑指标及空间适应性设计研究》（51408454），本书得到该基金项目资助。

这本书汇集了近年来笔者指导的硕士研究生学位论文的部分成果，在这里向他们表示感谢。这些研究生分别是：曲文晶、王彦芳、魏旭、张婷、邹雷蕾、严格、尹锐莹、李丹丹等，他们分别对机械、汽车、土建、医护、化工、农林畜牧等专业的实训空间进行了研究。

特别感谢恩师李志民教授。在李老师的引导下，笔者开始从大学规划设计研究转向高职院校研究，李老师在建筑计划学方面的理论与方法给了笔者很大的启发与帮助。

本书的编写过程中，中国建筑工业出版社的刘静编辑给予了大力支持与指导，在此表示衷心感谢！同时感谢对本书文字编辑、图表绘制等方面作出贡献的研究生同学们：扈若愚、底典典、魏春景、易强、路行凯、范有礼、任路阳、李兆伦。

我国对于高职院校的规划设计研究尚处在起步阶段，虽然本书已经完稿，但我们对高职院校的研究并未画上句号。就在交稿之际，笔者的两位研究生即将完成交通运输类和纺织类实训空间研究的硕士学位论文。我们基于专业分类对实训空间的研究将暂告一段落，后期将在此基础上，针对实训空间的适应性、灵活性、综合性、通用性等进行深入研究。

希望本书能够促进高职院校科学建设，能够为建筑师、高职院校的建设管理者带来帮助。

王琰

2018 年 6 月 30 日

于西安建筑科技大学